# 基于公理设计的新型石油装备及工具设计开发

席文奎 著

西南交通大学出版社
·成 都·

图书在版编目（ＣＩＰ）数据

基于公理设计的新型石油装备及工具设计开发 / 席文奎著. —成都：西南交通大学出版社，2022.11
ISBN 978-7-5643-9022-8

Ⅰ.①基… Ⅱ.①席… Ⅲ.①石油工程 – 机械设备 – 产品设计②石油工程 – 机械设备 – 产品开发 Ⅳ.①TE9

中国版本图书馆 CIP 数据核字（2022）第 216680 号

Jiyu Gongli Sheji de Xinxing Shiyou Zhuangbei ji Gongju Sheji Kaifa
## 基于公理设计的新型石油装备及工具设计开发
席文奎　著

| | |
|---|---|
| 责任编辑 | 陈　斌 |
| 封面设计 | 何东琳设计工作室 |
| 出版发行 | 西南交通大学出版社<br>（四川省成都市金牛区二环路北一段 111 号<br>西南交通大学创新大厦 21 楼） |
| 发行部电话 | 028-87600564　028-87600533 |
| 邮政编码 | 610031 |
| 网　　址 | http://www.xnjdcbs.com |
| 印　　刷 | 成都勤德印务有限公司 |
| 成品尺寸 | 170 mm × 230 mm |
| 印　　张 | 10.75　　　　　　　　字　数　220 千 |
| 版　　次 | 2022 年 11 月第 1 版　　印　次　2022 年 11 月第 1 次 |
| 书　　号 | ISBN 978-7-5643-9022-8 |
| 定　　价 | 38.00 元 |

图书如有印装质量问题　本社负责退换
版权所有　盗版必究　举报电话：028-87600562

# 前言

国家实施双碳、绿色发展战略给我国油气田开发带来诸多机遇,同时受制于石油装备与技术工具,在复杂油气田开发领域存在多个技术难题亟待解决、多个技术瓶颈有待突破,而要彻底摆脱"依赖进口、受制于人"的局面,需要产品创新、技术创新,需要中国制造、中国智造,将"能源的饭碗端在自己手里"。本书以创新驱动为核心,围绕现代石油天然气开采开发过程提速、增效、降本、能源可再生利用、智能与仿生等主题,将作者所主持完成的国家级、省部级以及中石油重大校企合作课题的技术创新、产品结构创新以及设计理论与方法创新等成果进行归纳总结,涉及现代油气田开发、排水采气、钻井工程、测井工程、海洋工程等领域。

本书的重要特色是将谢友柏院士所提倡的公理设计理论与方法贯穿始终,将多个新型石油装备与工具的创新设计过程、创新设计知识获取进行了公理化建模与表达,实现了产品功能—设计结构—服役性能的最优匹配。

本书第一章介绍了公理设计理论基础,构建了基于公理设计的产品设计方法,是学习后续章节的准备;紧接着以公理设计理论为主线、产品结构创新为核心,通过五个章节分别介绍了天然气井智能排水采气工具——井下节流装置、石油钻井自适应减摩降阻工具——可膨胀套管扶正器、石油测井仿生仪器——可变径井径测量仪、海洋能源可再生利用装置——棘轮式海洋波浪能发电装置、石油随钻提速提效工具——水力振荡器等新型石油装备与工具的创新设计过程及创新设计知识获取。

本书兼具理论性与实践性，对石油天然气开发利用、产品创新设计等领域的研究人员、工程技术人员具有实践指导和参考价值；对高校教师、研究生、本科生来说是重要的参考著作；特别是对从事产品研发的项目管理人员，可对项目方案决策、过程优化、质量控制等提供理论与方法工具和案例借鉴。

本书由西安石油大学席文奎博士执笔，全书的撰写和统稿工作由其完成。西安交通大学袁小阳教授担任主审，对本书提供了重要的学术指导。感谢西安石油大学徐建宁教授、长庆油田首席技术专家慕立俊教授级高工，从专业领域和工程应用方面对本书提供了重要指导和参考意见。课题组的贺齐齐、彭蒋伟、罗珺睿、张轩、王科强、付骍、陈虎子、杨森、阎郡等多名研究生为本书的资料整理和文字工作付出了辛勤的劳动。本书在编写过程中也参考了部分文献资料，值本书出版之际，在此一并表示感谢。

本书的出版得到陕西省自然科学基金（2017JM5059）、陕西省厅市联动重点项目（宝鸡传感器产业）、西安石油大学"石油机械现代设计及先进采油采气工程青年科研创新团队"项目的资助。

限于作者水平，本书仅代表一家之言，难免以偏概全，敬请读者谅解；书中难免有疏漏和不足之处，敬请读者批评指正。

作　者<br>
2022 年 10 月

# 目录

## 第 1 章 基于公理设计的复杂产品现代设计 ········· 001
### 1.1 公理设计的基本框架 ········· 001
### 1.2 基于公理设计的设计成功概率表征 ········· 005
### 1.3 面向复杂产品的公理化设计方法构建 ········· 008

## 第 2 章 新型可膨胀变径套管扶正器设计 ········· 016
### 2.1 新型可膨胀变径套管扶正器结构的提出 ········· 016
### 2.2 可膨胀变径套管扶正器设计方案的公理化建模 ········· 020
### 2.3 可膨胀变径套管扶正器结构设计方案实现 ········· 030
### 2.4 可膨胀变径套管扶正器静动性能分析 ········· 038

## 第 3 章 新型仿生测井仪结构设计 ········· 049
### 3.1 新型仿生结构测井仪的提出 ········· 049
### 3.2 测井仪设计方案的公理化建模 ········· 051
### 3.3 仿生式测井仪结构设计方案实现 ········· 061
### 3.4 机械、运动学性能分析 ········· 065
### 3.5 测井仪精准分析系统开发 ········· 072

## 第 4 章 新型卡爪式井下节流器机构设计及参数优化 ········· 076
### 4.1 新型卡爪式井下节流器创新结构的提出 ········· 076
### 4.2 卡爪式井下节流器设计方案的公理化建模 ········· 079
### 4.3 卡爪式井下节流器结构设计方案实现 ········· 087
### 4.4 卡爪式井下节流器静动性能分析 ········· 093

## 第 5 章　新型结构水力加压器设计 ……………………………………… 104
### 5.1　新型结构水力加压器的提出 …………………………………… 104
### 5.2　水力加压器的公理化建模 ……………………………………… 108
### 5.3　水力加压器结构设计方案的实现 ……………………………… 116
### 5.4　水力加压器设计参数优化 ……………………………………… 126
### 5.5　水力加压器的工作性能分析 …………………………………… 131

## 第 6 章　新型棘轮式海洋波浪能发电装置结构设计 ………………… 140
### 6.1　新型棘轮式海洋波浪能发电装置的提出 ……………………… 140
### 6.2　棘轮式海洋波浪能发电装置设计方案的公理化建模 ………… 143
### 6.3　棘轮式海洋波浪能发电装置结构设计方案实现 ……………… 151
### 6.4　棘轮式海洋波浪能发电装置静动性能分析 …………………… 156

## 参考文献 ……………………………………………………………… 165

# 第 1 章　基于公理设计的复杂产品现代设计

公理设计（Axiomatic Design）理论最早由 MIT Suh 教授提出，它是一种将设计思维、设计理论、设计方法与设计工具相统一的设计科学与设计方法论，在多个领域已经得到成功应用和发展。本章从支持产品结构创新—结构功能实现—结构功能保障三个层面出发，对公理设计基本理论、方法及定义进行应用和发展，建立面向于石油机械及装备领域的复杂产品公理化设计理论与方法。

## 1.1　公理设计的基本框架

### 1.1.1　设计域及其之间的映射

域是公理化设计中最基本和最重要的概念，它贯穿于整个设计过程。域分为四种类型：

（1）用户域：表示用户所要解决的问题（$CA_s$，Customer Attributes）。

（2）功能域：表示设计方案所要实现的一系列功能性要求最小集（$FR_s$，Functional Requirements）。

（3）物理域：表示设计方案中满足 $FR_s$ 的设计结构及参数集合（$DP_s$，Design Parameters）。

（4）过程域：表示过程变量集合（$PV_s$，Process Variables）。

四个域之间的相互关系和作用如图 1-1 所示。

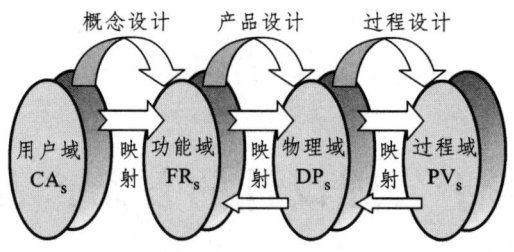

图 1-1 公理设计中域的相互作用与关系

公理化设计通过相邻两个设计域间的"之"字形映射进行产品设计,并在映射过程中利用设计公理判断设计的合理性和最优化。与其他设计理论相比,公理化设计不单纯是在某一个设计域中完成自身的设计,它是在相邻的两个设计域之间自上而下地进行映射和变换,充分考虑两者之间的相互关系,整个映射过程形象地描述为"之"字形映射。

以功能域到物理域的映射为例,设计人员首先必须明确产品应具有什么样的功能,从而确定出产品的总功能要求。然后从总功能要求出发,确定满足总功能要求的总体设计参数,当总功能要求满足后,根据总设计参数来进行总功能分解,再根据子功能确定该级的设计参数,当子功能完全满足后,再分解下一级子功能,以此类推,直至分解到子问题全部解决为止。经过"之"字形映射,可得到功能层次结构和设计参数的层次结构树,以及设计参数和功能要求之间的关系。功能域向物理域映射原理如图 1-2 所示。同样地,物理域到过程域的映射也有类似的关系。

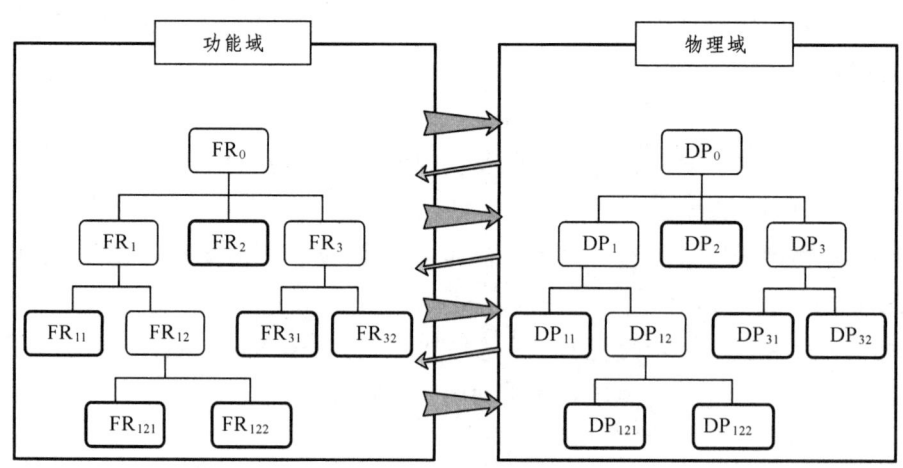

图 1-2 功能域向物理域映射原理及层次结构

层次（Hierarchy）是指公理化设计中某域的层次树。公理化设计的整个过程就是从功能域到物理域，再到过程域之间的映射过程。整个设计是一个从高级别的抽象概括到低级别的详细描述过程。如果把产品看成是一个系统，那么设计就是一个把系统分解为子系统，然后分解为部件，再分解为零件，最后分解为零件特征的过程。设计的最终结果得到不同层次的功能要求、设计参数和工艺变量组成的层次树，它非常清晰地描述了各个设计域的工作目的。产品的功能层次树和结构层次树如图 1-2 所示，其中，黑体框代表叶（即不必进一步分解的层次）节点。

### 1.1.2　两个设计公理

整个设计过程实际就是四个域之间的映射过程。在公理化设计的映射过程中，要做出正确的设计决策必须用两条基本设计公理来评价设计方案的好坏和优劣。两条基本公理是：

（1）独立公理（The Independence Axiom）：保持功能需求的独立性。

（2）信息公理（The Information Axiom）：力求使设计的所需信息量最少。

公理化设计的两个设计公理可以在设计过程中帮助设计者判断设计的合理性。

1. 独立公理

独立公理：保持功能需求（$FR_s$）独立。

$FR_s$ 定义为设计所必须满足的独立需求的最小集合。一组 $FR_s$ 是设计目的描述。满足独立公理，那就意味着当有两个或更多 $FR_s$ 时，设计结果必须是能够满足 $FR_s$ 中的每一个而不影响其他的 $FR_s$。因此必须选择一组正确的 $DP_s$ 以满足 $FR_s$ 和保持它们的独立性。

在给定的设计层次上，功能需求集，它确定特定的设计目标，构成功能域中的 FR 向量。同样，在物理域中已经被选择来满足 $FR_s$ 的设计参数集，构成了 DP 向量。这两个向量之间的关系可以写成如下的方程：

$$\{FR\} = [A]\{DP\} \qquad (1\text{-}1)$$

式中　[A]——设计矩阵，它表征产品设计。

式（1-1）是产品设计的设计方程。对于有 3 个 $FR_s$ 和 $DP_s$ 的设计，其设计矩阵有如下形式：

$$[A] = \begin{bmatrix} A_{11} & A_{12} & A_{13} \\ A_{21} & A_{22} & A_{23} \\ A_{31} & A_{32} & A_{33} \end{bmatrix} \quad (1\text{-}2)$$

对于一个线性的设计，$A_{ij}$ 是常数；对于非线性设计，$A_{ij}$ 是 $DP_s$ 的函数。设计矩阵有两个特殊情况：对角线矩阵和三角形矩阵。在对角线矩阵中，除掉 $i=j$ 以外所有的 $A_{ij}=0$。

$$[A] = \begin{bmatrix} A_{11} & 0 & 0 \\ 0 & A_{22} & 0 \\ 0 & 0 & A_{33} \end{bmatrix} \quad (1\text{-}3)$$

如下所示，在下三角形矩阵中，所有的上三角元素等于零。

$$[A] = \begin{bmatrix} A_{11} & 0 & 0 \\ A_{21} & A_{22} & 0 \\ A_{31} & A_{32} & A_{33} \end{bmatrix} \quad (1\text{-}4)$$

在上三角形矩阵中，所有的下三角元素等于零。

过程设计涉及从物理域中的 DP 向量到过程域中的 PV 向量的映射，设计方程可以写成：

$$\{DP\} = [B]\{PV\} \quad (1\text{-}5)$$

式中　[B]——表征过程设计特征的设计矩阵，与[A]的形式相似。

为了满足独立公理，设计矩阵必须是对角矩阵或三角矩阵。

2. 信息公理

信息公理：使设计中的信息量为最小。

信息公理说的是，具有最小信息量的设计是最佳设计，因为它为达到设计目标只需要最少的信息量。当所有的概率都等于 1.0 时，信息含量为零。反之，当概率之中的一个或几个等于零时，所需要的信息量就是无穷大。也就是说，如果概率很小，就必须提供更多的信息来满足功能需求。对于满足独立公理的诸多设计中，信息公理提供给定设计所需信息的定量度量，因此可用来从那些可接受的设计中选出最好的设计。另外，信息公理为优化设计提供了基础。

成功概率可以这样得到：为 FR 规定设计范围（dr），并确定拟议中的设计为满足 FR 所能提供的系统范围（sr），然后进行计算。图 1-3 画出了这两个范围。其中纵轴是系统概率密度，横轴是 FR 或 DP 之一，取决于涉及的映射域。当映射是在功能域和物理域之间进行时，如产品设计，横轴是 FR；当映射是在物理域和过程域之间进行时，如在过程设计，横轴就是 DP。

图 1-3 显示了某个 FR 的系统范围上的概率密度函数。设计范围与系统范围重叠的部分称为公共范围 $A_{cr}$，这是满足 FR 的唯一区域。于是，系统概率密度函数下并在公共范围中的面积 $A_{cr}$，就是达到规定目标的设计的概率。这样信息含量可以表示为：

$$I = \log_2 \frac{1}{A_{cr}} \tag{1-6}$$

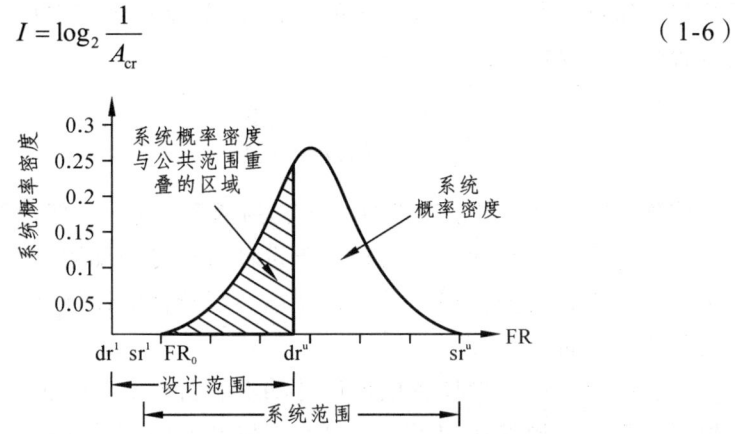

图 1-3　设计范围、系统范围和系统概率密度函数

## 1.2　基于公理设计的设计成功概率表征

### 1.2.1　设计成功概率的定义

国内外关于设计过程建模、控制及优化决策有诸多研究，具有代表性的有谢友柏院士提倡的现代设计理论和麻省理工学院的公理设计理论以及多色集合等设计理论与方法，还包括过程控制、优化决策、复杂网络等数学手段。各理论方法都从不同角度体现了设计成功概率的理念，但由于解决问题的出发点、目的和手段的不同，各方法对产品最终设计目标的实现以及设计成功

概率的影响是不同的。本节采用公理设计中信息量、复杂性等相关概念和定义,从设计成功概率的角度加以综合分析。

公理设计方法中将复杂性定义为实现 $FR_s$ 的不确定性的度量,并用信息量 $I$(成功概率 $P_i$)来表征。对于有 $m$ 个 $DP_s$ "叶"的设计结果,系统总的信息量等于各"叶"的信息量之和,计算公式如下:

$$I = -\sum_{i=1}^{m} \log_2 P_i \qquad (1-7)$$

根据图1-3,在实际计算过程中,某个用来实现 FR 的 DP 的信息量可通过设计范围与系统范围公共部分的概率密度函数面积来确定,图中设计范围与系统范围重叠的部分称为公共范围 $A_{cr}$,这是满足 FR 的唯一区域。于是,系统概率密度函数中公共范围中的面积 $A_{cr}$ 就是达到规定目标的设计的概率,信息含量 $I$ 可按式(1-8)计算。

$$I = \log_2 \frac{1}{A_{cr}} = \frac{sr(系统范围)}{dr(设计范围)} \qquad (1-8)$$

同样,公理设计将复杂性分为正交的两个部分,一部分是真实复杂性 $I_R$,另一部分是虚拟复杂性 $I_m$,$I_m$ 是由于设计人员专业知识不完备、理解不足所产生的。由于二者的正交关系,存在虚拟复杂性的设计是不能通过真实复杂性的改善而改善。

在实际研究中,设计者根据设计功能和目标对 $FR_s$ 做不同层次的分解,并根据多学科领域专业知识、经验知识以及不同的手段构造 $DP_s$ 与 $PV_s$ 并完成它们的分解、映射和迭代。最低层的"叶"即设计结果可以是某种结构方案、设计参数,可以是计算方法和软件工具,也可以是一个抽象的节点。各 $DP_s$ 的不同及它们的组合会导致设计结果存在复杂的耦合关系,甚至矛盾、冲突的关系,围绕它们进行优化决策及冲突解耦是设计的核心所在,而各领域各方法对冲突等问题解决所依赖的知识基础是不同的,因而体现的复杂性是不同的,接下来对各方法进行对比分析。

### 1.2.2 复杂性的来源分析

**1. $DP_s$ 与 $PV_s$ 的选择和数目导致"真实复杂性"**

在 $DP_s$ 与 $PV_s$ 选择中要尽可能保证它们是无耦合的,即满足独立公理,这样的设计信息量最低，是一个理想设计。实际设计中大多数情况下面临的是耦合设计，由于每个 $DP_s$ 与 $PV_s$ 都有其设计可行域范围并且与系统范围并不完全重合，有多个参数时我们不可能保证每个参数都在一个理想的范围之内，即存在真实复杂性。$DP_s$ 与 $PV_s$ 数量越多，真实复杂性越高，因此采用尽可能多的参数并不能带来复杂性的降低，而一个好的设计应该是保证实现 $FR_s$ 设计目标及映射迭代过程所需信息量越低（设计成功概率越高）所需的 $DP_s$ 与 $PV_s$。

2. 专业知识不完备、理解不足导致"虚拟复杂性"

由于设计者不能完全或正确确定 $DP_s$ 与 $PV_s$ 设计范围和系统范围，得到的设计方案尽管在形式上可能是一个理想设计，但会导致错误的设计结果。要减少"虚拟复杂性"，设计人员必须具有完备的深知识获取及融合的基础能力，同样 $DP_s$ 与 $PV_s$ 数量增多并不能减少虚拟复杂性。

可见一个设计的成功概率与 $DP_s$ 与 $PV_s$ 的选择和数目有关，而一个好的设计过程必须是在保证设计成功概率和尽可能避免虚拟复杂性的前提下进行的，接下来对几种方法进行讨论。

## 1.2.3 不同设计方法的复杂性对比分析

（1）DSM 方法、GN 算法以及复杂网络理论等方法将设计过程用"节点来表征"（可以理解为公理设计中的 $DP_s$），例如一个叶片的设计过程被抽象为几十个设计节点，各设计节点的设计关系是耦合的，呈网络结构，其设计主要解决的是节点的耦合与冲突关系，追求的是通过尽可能多的"节点"数目来提高设计可信度和系统性，解决问题所依赖的是数学方法与计算机工具。采用该方法可有效提高多个设计企业、团队及设计人员组成的设计联盟的效率和自动化程度，但该方法由于没有考虑多学科领域本源设计知识在过程优化、协同决策及冲突解耦中的作用，从提高产品设计成功概率角度而言，不仅存在真实复杂性，而且存在虚拟复杂性。

（2）博弈论及方法是多参数、多目标优化方法中比较新的方法，目的是解决设计不同学科领域及不同参数间设计目标、设计可行域及约束条件不同带来的冲突问题。实际高速转子设计过程涉及大量的热力学参数、关键部件结构参数及运行参数等，不同设计方案、参数及它们的组合会体现出明显耦合和冲突矛盾关系，而博弈论与其他参数优化方法一样，主要追求多的设计变量（$DP_s$）数目但却与本源设计方法及"深知识"融合的程度不够，极大地提高了设计复杂性，得到的结果在实际中是并不可信的，并不能带来设计成功概率的提高。一方面，过多的设计变量不仅不会带来设计成功概率的提高，反而会带来真实复杂性；另一方面，设计人员对于多个变量设计可行域范围、系统范围了解不足的情况，导致了虚拟复杂性的存在。

综上分析可知，DSM方法、GN算法及复杂网络、多参数优化等"非本源方法"由于侧重于追求多的变量（节点）数目以及对数学工具和计算方法的依赖性，极大地提高了设计复杂性和不确定性，却并不能带来设计成功概率和设计可信度的提升，因此，一个好的过程建模及控制方法必须考虑与本源设计方法及"深知识"的融合才能更好地发挥作用。

## 1.3 面向复杂产品的公理化设计方法构建

### 1.3.1 设计准则

根据设计成功概率讨论分析，给出公理设计过程的一般性准则。

准则一：公理化设计建模，首先需要保证高层次的设计成功概率（前文研究中将设计过程研究分为四个阶段，其中概念设计阶段是最核心的），高层的耦合和冲突问题并不能通过底层来解决。

准则二：在保证实现 $FR_s$ 设计目标所必需 $DP_s$ 与 $PV_s$ 信息量（设计成功概率越高）最小的情况下，通过增加 $DP_s$ 与 $PV_s$ 数目并不能带来设计信息的降低（设计成功概率的提高）。

准则三：设计过程矛盾冲突的解决依赖于多学科领域"本源设计知识"，通过数学工具及计算方法，却并不能带来设计成功概率和设计可信度的提升。

公理设计过程依赖于两类知识：① 设计流程控制及决策类知识；② 多学科领域本源设计知识。一个好的设计方法必须是两方面知识的融合，其具体要求如下：

（1）体现设计过程的层次性和阶段性。根据设计准则三，设计过程中的不同阶段、不同层次对设计成功概率的影响作用是不同的，而一个好的设计方法应该对该过程进行支持。

（2）以设计成功概率提升为核心。一个好的设计方法首先必须保证设计目标实现的成功概率的提升。

（3）具有系统的过程建模及知识表达体系，具备有效的冲突解耦机制，并能有效支持多学科领域"本源设计知识"的融合。

（4）支持与其他设计理论与方法的融合。

经过上述分析，研究复杂产品设计过程及其控制命题，必须以多学科本源设计方法为基础，并有效融合相关"非本源方法"，在保证设计成功概率并尽可能避免虚拟复杂性的前提下，选择合适的 $DP_s$ 与 $PV_s$，基于多学科领域"本源设计知识"进行关键节点的控制、决策及冲突解耦。

公理化设计方法是满足上述设计准则和要求的：① 公理设计方法通过"域"的形式把设计过程划分为四个相互联系和不断映射迭代的阶段，该方法与 F-B-S（功能-行为-结构）等方法相似；② 公理设计以 $FR_s$、$DP_s$、$PV_s$ 等基本构件、设计矩阵、有向图（流程图、模块图等）构成了设计过程建模及知识表达的系统体系，以两大设计公理、若干推理及信息量形成设计过程控制、冲突解耦的有效机制；③ 公理设计方法是开源的，而相关研究都是以设计成功概率提高为核心的。

## 1.3.2 公理化设计知识表达及设计过程建模

公理设计在"域"的概念框架下，以 $FR_s$、$DP_s$、$PV_s$ 等"标准"构件、设计矩阵、有向图（流程图、模块图等）为设计过程建模及控制提供了有效的技术体系和工具支持。以下以某旋转机械设计过程中的知识表达与流程控制为例进行说明。一个旋转机械主要有功能实现（$FR_1$：能量转化、传递）与功能保障（$FR_2$：保障系统稳定可靠工作）两大设计功能，以通流力模型关键物理参数构造 $DP_s$ 与 $PV_s$ 来进行主要设计节点的知识表达，并完成它们的分解和映射迭代，如表 1-1 和 1-2 所示。

表 1-1　$FR_s$ 功能分解及与 $DP_s$ 的映射

| $FR_s$ | | $DP_s$ | |
|---|---|---|---|
| $FR_{11}$ | 旋转运动实现 | $DP_{11}$ | 旋转运动装置设计 |
| $FR_{12}$ | 径向支撑、定位 | $DP_{12}$ | 轴承设计 |
| $FR_{21}$ | 密封性能满足要求 | $DP_{21}$ | 密封设计 |
| $FR_{22}$ | 轴向平衡、定位 | $DP_{22}$ | 平衡装置设计 |
| $FR_{23}$ | 系统稳定可靠工作 | $DP_{23}$ | 转子-轴承-密封系统静力学、动力学设计 |

表 1-2　映射过程的设计矩阵

| 功能需求 $FR_s$ | | 设计参数 $DP_s$ | | | | |
|---|---|---|---|---|---|---|
| | | $DP_1$ | | $DP_2$ | | |
| | | $DP_{11}$ | $DP_{12}$ | $DP_{21}$ | $DP_{22}$ | $DP_{23}$ |
| $FR_1$ | $FR_{11}$ | x | x | 0 | 0 | 0 |
| | $FR_{12}$ | x | x | 0 | 0 | 0 |
| $FR_2$ | $FR_{21}$ | 0 | 0 | x | 0 | x |
| | $FR_{22}$ | x | 0 | 0 | x | 0 |
| | $FR_{23}$ | x | x | x | x | x |

可见公理设计中"域"的概念框架以及 $FR_s$、$DP_s$、$PV_s$ 等基本构件是设计知识表达的基本元素。与其他方法相比，公理设计方法所表达"节点"信息更为丰富，各节点处的 $FR_s$、$DP_s$、$PV_s$ 以本源专业知识为基础，体现了不同设计阶段的功能和设计目标以及实现功能和目标的关键技术和手段，同时节点的控制与成功概率相联系，这是其他方法所不具备的。

产品设计是从"功能"到"结构"到"行为"不断映射迭代的过程，公理化设计过程具有现代设计产品过程的共性特征。采用公理化方法，若一个系统的设计功能用 $FR_s = (FR_1, FR_2 \cdots FR_m)$ 表示，表征系统"行为"的关键

变量用 $DP_s=(DP_1, DP_2\cdots DP_m)$ 表示，最终实现的结构方案或过程变量用 $PV_s=(PV_1, PV_2\cdots PV_m)$ 表示，则该系统的设计过程为 $FR_s\rightarrow DP_s\rightarrow PV_s$ 不断分解和映射迭代的过程。公理设计提供了三种设计过程表示方法，实现主要设计节点的控制和优化配置，如图1-4所示。

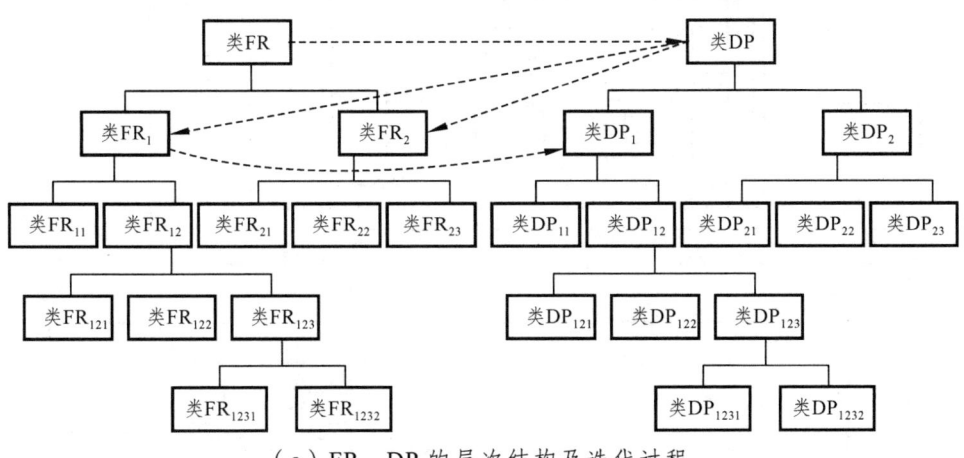

(a) FR、DP 的层次结构及迭代过程

(b) 模块连接结构

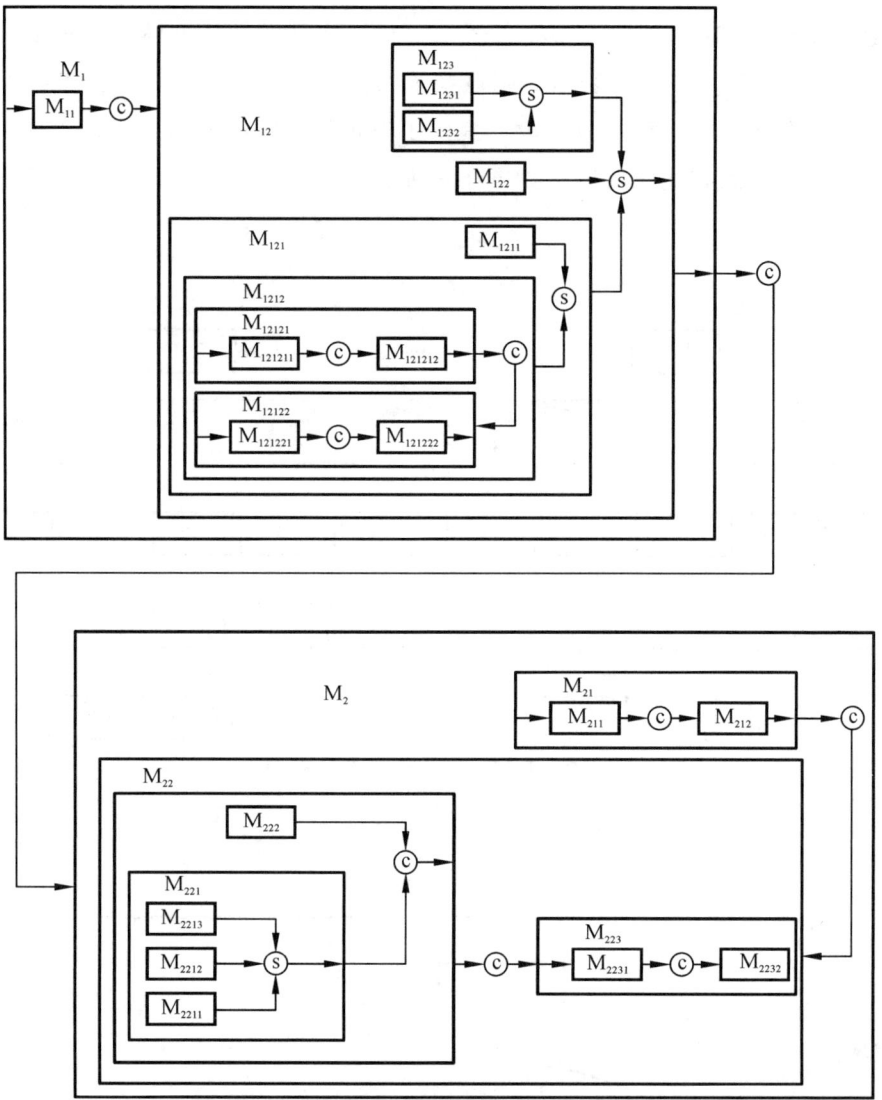

（c）设计流程

M—各个级别的设计模块；S—模块间关系为无耦合，设计时不考虑先后顺序；C—模块间关系为解耦关系，设计时要考虑先后顺序。

图 1-4　公理设计中设计过程的三种表达方式

以公理设计相关理论、方法及定义为基础，研究建立面向复杂产品的公理化设计方法，如图 1-5 所示。

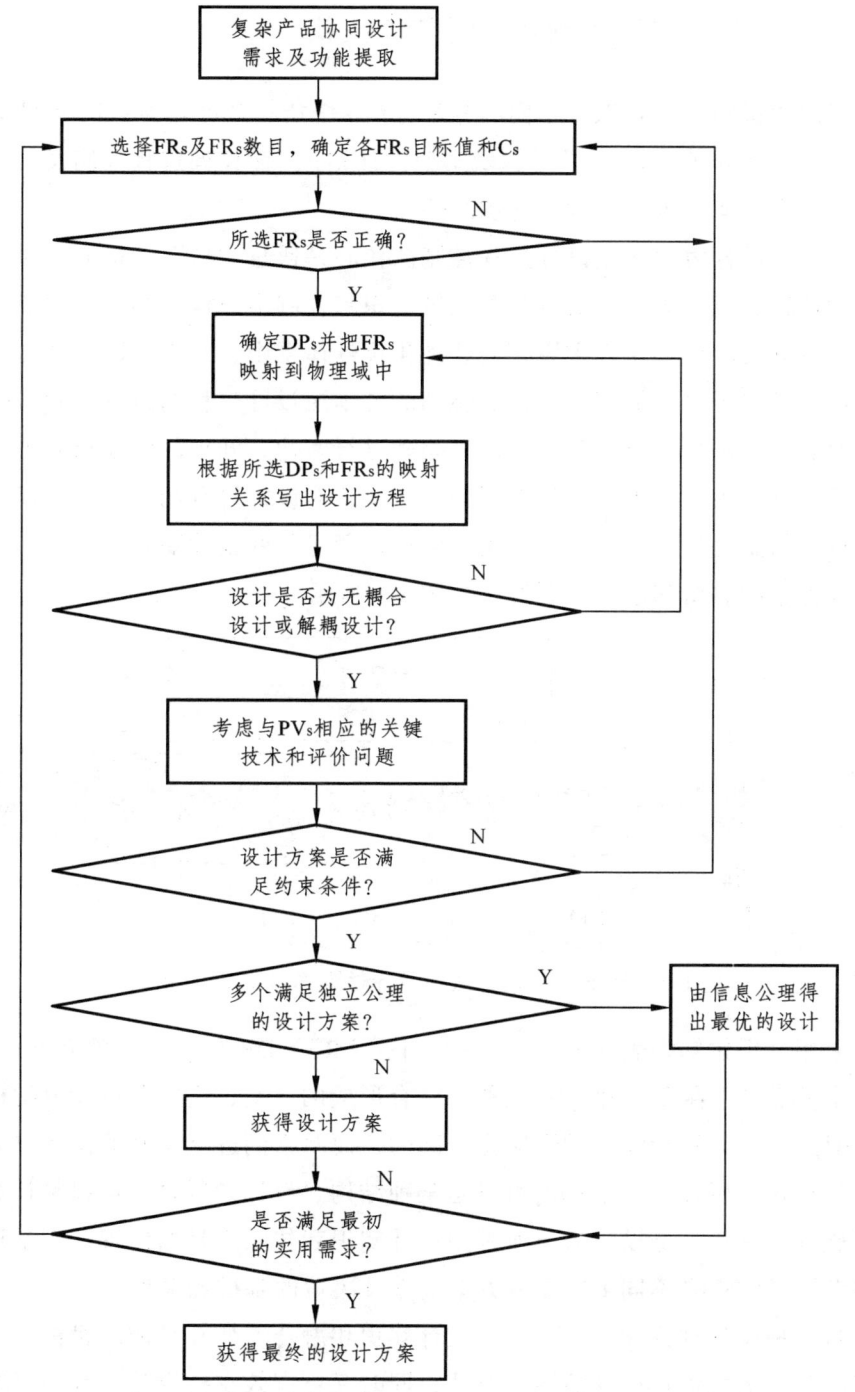

图 1-5 面向复杂产品的公理化设计方法

### 1.3.3 设计过程控制及关键节点决策

不同学科领域对知识有不同的分类方法，概括起来可分为：① 设计流程控制及决策类知识；② 多学科领域本源设计知识，而设计过程控制及关键节点决策是两方面知识的有效融合和统一。

公理化设计方法实现设计过程控制的核心是通过"域"的框架、域之间的映射迭代、设计矩阵、信息量等决策知识来控制本源设计知识的构成、流动及表达方式。换个角度来说，在公理化设计体系中，知识在四个域之间的映射迭代过程可以理解为设计过程驱动的各本源设计过程的过程，知识的流动规律和特点可通过设计矩阵和两个公理进行表达，知识的流动机制可从设计矩阵的特点中反映出来，而控制即为决策，对设计过程的控制就是以公理化设计的信息公理和独立公理为决策知识，通过判断设计矩阵是否解耦来决策设计方案的去留问题，控制过程如图 1-6 所示。

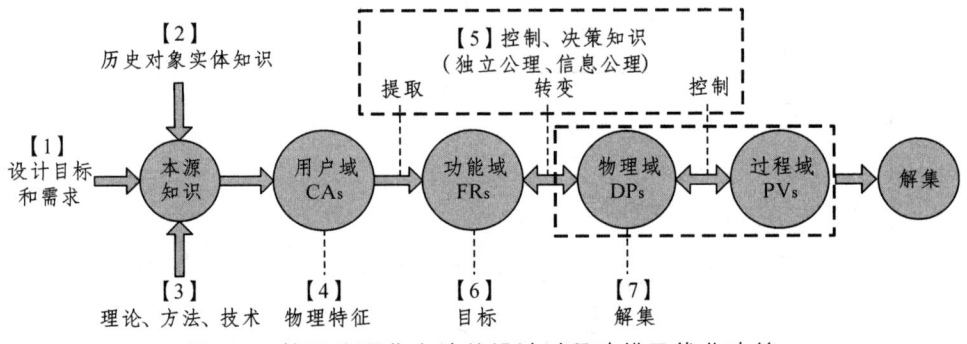

图 1-6　基于公理化方法的设计过程建模及优化决策

采用公理化知识表达方法，产品设计是 $FR_s \rightarrow DP_s$ 的分解和映射的过程，有多个 $FR_s$ 时，存在多种 $DP_s$ 选择、组合形成的方案，它们对设计成功概率以及对最终设计目标实现的影响是不同的，而对它们进行正确的设计决策是概念设计核心所在，由于 $DP_s$ 可以是某种结构、设计参数，也可以是计算方法和软件工具等，是设计人员所采用设计知识和技术工具的体现，多学科领域本源设计知识是不同 $DP_s$ 形成方案优选及决策的基础和关键。

将公理设计理论和方法与本源设计知识相融合，使复杂的多目标耦合问题研究和方案决策过程既简明、有效，同时又可有效支持设计过程中新知识的融入和融合，一些先进结构设计、技术工艺及计算方法的出现同样会产生一些先进的 $DP_s$，进而使设计人员在概念设计阶段就能得到成功概率高的优秀的设计方案。在公理设计框架下基于本源设计知识进行方案优选、关键节点决策及控制，主要包括基础理论、方法等知识，还包括计算仿真与实验得到的数据、图表等定性定量知识，相关研究得到的设计定性定量规律是支持公理化设计过程的重要知识基础和来源。

# 第 2 章 新型可膨胀变径套管扶正器设计

## 2.1 新型可膨胀变径套管扶正器结构的提出

当前油气井开发的主要井型为大斜度定向井、大位移井以及水平井，这类井的主要特点是井眼轨迹倾斜角比较大，开发难度大，在固井作业中套管居中问题是需要首先解决的技术问题，当套管串下入后，由于其自身重力作用，套管串在非垂直井段很难在井眼中居中，从而将导致后期固井质量较差，严重影响油气开采效率。在套管上安装扶正器是保证套管在井眼内居中的重要手段，对提高固井质量具有不可替代的作用。当前常用的套管扶正器有刚性套管扶正器和弹性套管扶正器两大类，典型结构如图 2-1、2-2 所示。

（a）螺旋滚轮式　　　　（b）半刚性

 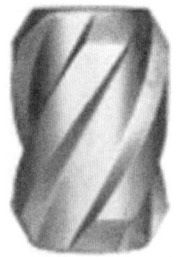

（c）冲压式刚性　　　　（d）螺旋刚性

图 2-1　刚性套管扶正器

  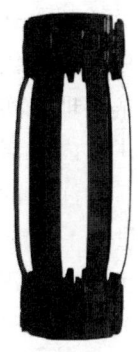  

（a）双弓弹性　　（b）单弓弹性　　（c）整体式弹性　　（d）旋流片弹性

图 2-2　弹性套管扶正器

根据现场使用的具体情况，对各类套管扶正器的技术优劣势进行对比分析，如表 2-1 所示，可以发现常规套管扶正器在实际工程应用中存在着诸多问题：

（1）常规套管扶正器外径较大，在井眼缩颈处下入困难。

（2）扶正器下入井中时，扶正片与井壁接触面积较大，易磨损，扶正条支撑力度有限，居中效果也比较差。

（3）在实际工程中，井眼大小并不规则，在井眼外径较大的井段，现有的扶正器因无法实现变径，不能保证套管在井眼中相对居中，水泥浆顶替效率低，固井质量差。

表 2-1　各类套管扶正器优劣势总结

| 套管扶正器种类 | 弹性套管扶正器 | 螺旋刚性套管扶正器 | 螺旋滚柱式套管扶正器 |
| --- | --- | --- | --- |
| 优势 | 1. 结构简单，造价低，使用方便，应用较广；<br>2. 能适应很小范围的扩径井眼 | 1. 较弹性扶正器，扶正力大，居中度较高；<br>2. 螺旋槽可提高水泥浆顶替效率，保证固井质量 | 1. 螺旋槽可提高水泥浆顶替效率，保证固井质量；<br>2. 滑动摩擦变成滚动摩擦，下放阻力较小 |
| 劣势 | 1. 扶正力较小，居中度较低；<br>2. 如果安装数量较多，增加下放时的阻力 | 增大了与井壁的接触面积，下放时较困难 | 1. 扶正力较刚性扶正器有所下降；<br>2. 滚柱容易卡住，结构复杂 |

针对以上问题，本节提出一种可膨胀变径套管扶正器解决方案，其在工作原理、结构以及性能方面较常规扶正器有很大的优势，具体如下：

（1）工作原理方面：依据自动膨胀收缩原理，实现自动变径功能，以适应不规则井眼扩径状况，从而提高套管在井眼内的居中度。

（2）结构方面：采用螺旋式结构设计，对注入的水泥浆形成环空旋流，从而提高水泥浆的顶替效率，增加固井质量。

（3）性能方面特点：下入时处于收缩状态，扶正器外径变小，很大程度上可以减小下放阻力，因此降摩性能强；工作时处于膨胀状态，扶正器外径变大，扶正力增强，因此安放间距变大，所需数量相应减少，从而可以节约一定的成本。

采用该结构扶正器可以极大程度减小下放阻力、提高水泥浆顶替效率并且能够满足不规则井眼扩径要求，扶正力度大，且适应不同复杂井况的能力强，这对大位移井以及水平井下套管作业具有指导意义和实际工程应用价值。

### 2.1.1　工作原理及常用技术指标

可膨胀变径套管扶正器是依据自动收缩膨胀原理所设计，图 2-3 所示为新型套管扶正器扶正过程工艺原理：① 扶正器安装在套管上，随套管一起下入到井中预定深度之前，扶正器一直处于收缩状态，所以下放阻力也将随之减小，能确保下放到预定位置，此时扶正器外径最小，套管由于自身重力平躺在井眼中，即套管并没有与井壁分离，如图 2-3（a）所示；② 当下入到井中预定深度后，在扶正器一端施加推力，扶正器开始作用，向外膨胀扩张，扶正器外径变大，扶正力增强，将套管抬起并与井壁分离，使套管在井眼内居中，如图 2-3（b）所示，从而实现变径功能以适应不规则井眼扩径的情况。根据收缩膨胀原理设计，能够实现较大范围变径且扶正力度大，可以增大安放间距，所需扶正器数量相应减少，从而节约一定的成本。

当扶正器采用螺旋式结构，如图 2-4 所示为螺旋结构对水泥浆旋流作用示意图，其特征在于当下套管作业遇阻时，利用其螺旋形状旋转导向前进，使套管串穿过遇阻部位，减少扶正器损坏及失效情况，保证有效扶正；其螺旋形状可使上返水泥浆形成旋流，防止水泥浆串槽，提高固井质量。

第 2 章 新型可膨胀变径套管扶正器设计

（a）收缩状态原理示意图

（b）膨胀状态原理示意图

图 2-3　套管扶正过程工艺原理示意图

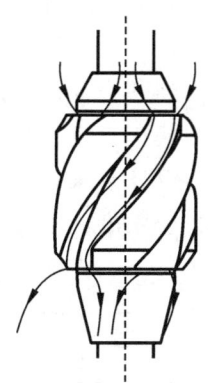

图 2-4　螺旋扶正器旋流作用示意图

在外形尺寸设计上，根据各种常规扶正器的主要尺寸技术指标，如表 2-2 所示，结合实际工况，拟定了可膨胀变径套管扶正器的主要设计尺寸。

表 2-2　各种常见扶正器的主要尺寸技术指标

|  | 滚珠扶正器 | 刚性扶正器 | 弹性扶正器 | 螺旋扶正器 |
| --- | --- | --- | --- | --- |
| 制作材料 | 合金钢 | 铸钢或铝合金 | 铸钢 | 铸钢 |
| 内径/mm | 196 | 181 | 215 | 248 |
| 外径/mm | 243 | 235 | 143 | 305 |
| 高度/mm | 200 | ≥200 | 305 | 150 |
| 肋条数量/条 | 5 | 6 | 6 | 6 |
| 肋条宽度/mm | ≥50 | ≥40 | 50 | 40 |

综上所述，本节围绕油气井的高效、科学开发，以油气增速增效生产为目的，将公理设计方法引入设计，可以有效保证可膨胀变径套管扶正器的科学合理设计。

### 2.1.2 功能需求分析

通过上述分析，可以明确可膨胀变径套管扶正器的功能需求，这也是利用公理设计对可膨胀变径套管扶正器进行设计的第一步，可以得到可膨胀变径套管扶正器的功能需求为：

（1）在下放时有较小的下放阻力，且针对井眼扩径的情况，扶正器能够实现变径功能。

（2）能够实现当扶正器下入到井中预定深度后启动变径。

（3）扶正时能够提供较大的扶正力度，最大程度上保证套管居中度。

对可膨胀变径套管扶正器的设计需求划分如图 2-5 所示，具体包括下放阻力小，能实现变径；保证套管居中度；下放到预定深度后启动。

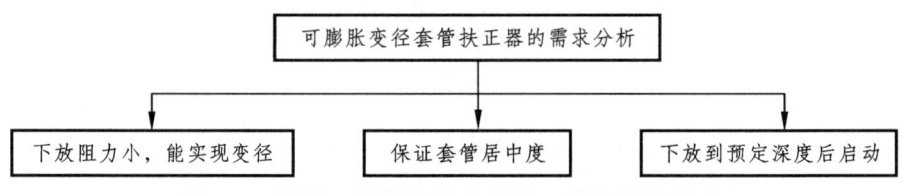

图 2-5　新型可膨胀变径套管扶正器的设计需求

## 2.2　可膨胀变径套管扶正器设计方案的公理化建模

本节将公理设计建模方法引入新型扶正器的设计中，围绕新型可膨胀变径套管扶正器所要实现的设计需求，采用公理化构件（$FR_s$、$DP_s$）对新型扶正器设计方案的关键节点及环节进行形式化表达，通过设计矩阵完成扶正器设计功能与设计结构（参数）映射迭代及合理性评价，从而保证了新型可膨胀变径套管扶正器设计方案决策最优，依据有向图（流程图、模块图等）为设计过程关键节点进行建模及控制，对设计方案的具体实现流程进行系统规划。

## 2.2.1 扶正器设计方案的公理化表征

**1. 设计功能与设计结构（参数）的第一层分解**

将新型可膨胀变径套管扶正器设计过程划分为 4 个域，如图 2-6 所示。从功能实现的角度，新型可膨胀变径套管扶正器主要有：① 下放阻力小，能实现变径；② 保证套管居中度；③ 下放到预定深度后启动的三个功能实现需求，同时考虑功能保障需求：机械强度及运动学及动力学特性满足要求，可归结为第四个功能需求。

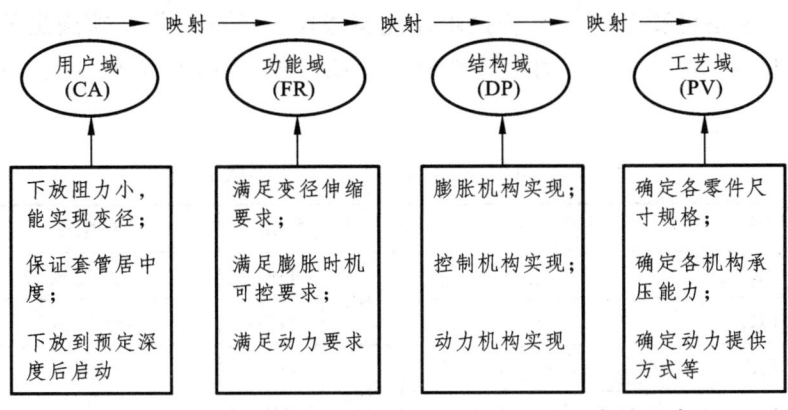

图 2-6 可膨胀变径套管扶正器设计过程的 4 个域的定义

根据公理设计思想，通过"Z"字形映射分解，对总功能需求 FR 进行分解，第一层 $FR_s$ 分解及其 $DP_s$ 映射如表 2-3 所示。第一层功能需求为满足变径伸缩要求（$FR_1$）、膨胀时机可控要求（$FR_2$）、动力要求（$FR_3$）、工作性能要求（$FR_4$）4 项。

表 2-3 第一层功能需求分解及参数映射

| 功能 | 功能描述 | 设计参数 | 参数描述 |
| --- | --- | --- | --- |
| $FR_1$ | 满足变径伸缩要求 | $DP_1$ | 膨胀机构 |
| $FR_2$ | 满足膨胀时机可控要求 | $DP_2$ | 控制机构 |
| $FR_3$ | 满足动力要求 | $DP_3$ | 动力机构 |
| $FR_4$ | 工作性能满足要求 | $DP_4$ | 静动性能分析 |

## 2. 设计功能与设计结构（参数）的第二层分解

第二层 $FR_s$ 分解是在考虑第一层设计参数的前提下,确定能够满足第一层设计参数的功能要求,再根据分解获得的功能要求确定设计参数。对于 $DP_1$ 膨胀机构,这是可膨胀变径套管扶正器的基本功能,分解得到的功能需求为能够实现机构不脱落、实现变径两项功能。对于 $DP_2$ 控制机构,这是可膨胀变径套管扶正器的可控性功能,主要包括初始状态锁定及解锁、最终状态锁定两部分。对于 $DP_3$ 动力机构,这是可膨胀变径套管扶正器的工作基础,功能分解为提供动力、反应物与工作环境隔离两项。对于 $DP_4$ 特性分析,这是可膨胀变径套管扶正器能够稳定、持续工作必须满足的条件,包括静力学、动力学及运动学特性分析三项。第二层 $FR_s$ 分解及其 $DP_s$ 映射如表 2-4 所示。

表 2-4 第二层功能需求分解及参数映射

| 功能 | | 功能描述 | 设计参数 | | 参数描述 |
|---|---|---|---|---|---|
| $FR_1$ | $FR_{11}$ | 机构不脱落 | $DP_1$ | $DP_{11}$ | 固定机构 |
| | $FR_{12}$ | 实现变径 | | $DP_{12}$ | 扶正机构 |
| $FR_2$ | $FR_{21}$ | 初始状态锁定及解锁 | $DP_2$ | $DP_{21}$ | 剪钉 |
| | $FR_{22}$ | 最终状态锁定 | | $DP_{22}$ | 自锁模块 |
| $FR_3$ | $FR_{31}$ | 提供动力 | $DP_3$ | $DP_{31}$ | 化学反应提供 |
| | $FR_{32}$ | 反应物与工作环境隔离 | | $DP_{32}$ | 内外筒及密封 |
| $FR_4$ | $FR_{41}$ | 满足静力学性能要求 | $DP_4$ | $DP_{41}$ | 静力学性能 |
| | $FR_{42}$ | 满足动力学性能要求 | | $DP_{42}$ | 动力学性能 |
| | $FR_{43}$ | 满足运动学性能要求 | | $DP_{43}$ | 运动学性能 |

## 3. 设计功能与设计结构（参数）的第三层分解

第三层 $FR_s$ 分解是在考虑第二层设计参数的前提下,确定能够满足第二层设计参数的功能要求,再根据分解获得的功能要求确定设计参数。第三层 $FR_s$ 对第二层设计参数进行逐项分解,最后获得每一项具体的实施方法,为之后的具体机构零件参数设计提供便利,缩短机构参数的设计时间。其中,固定机构需要考虑的因素包括固定座、滑块,扶正机构需要考虑的因素包括推杆、支撑臂、扶正条。根据第三层 $FR_s$ 分解构造 $DP_s$ 来进行主要设计节点的知识表达,并且完成它们的分解和映射过程的设计矩阵,如表 2-5 ~ 表 2-16 所示。

表 2-5 $FR_{11}$ 的功能分解及与 $DP_s$ 的映射

| 功能 | 功能描述 | 设计参数 | 参数描述 |
|---|---|---|---|
| $FR_{111}$ | 轴向尺寸限制 | $DP_{111}$ | 整体长度 |
| $FR_{112}$ | 满足工作环境压力 | $DP_{112}$ | 各机构承压能力 |

表 2-6 映射过程设计矩阵

| FR | DP | |
|---|---|---|
| | $DP_{111}$ | $DP_{112}$ |
| $FR_{111}$ | $x$ | 0 |
| $FR_{112}$ | 0 | $x$ |

根据机构不脱落功能映射过程的设计矩阵可以得出功能和设计参数之间的关系如式(2-1)以及设计矩阵$[A_1]$所示。

$$\{FR\} = [A_1] \cdot \{DP\} \tag{2-1}$$

其中:

$$\begin{bmatrix} FR_{111} \\ FR_{112} \end{bmatrix} = \begin{bmatrix} x & 0 \\ 0 & x \end{bmatrix} \begin{bmatrix} DP_{111} \\ DP_{112} \end{bmatrix}, \quad [A_1] = \begin{bmatrix} x & 0 \\ 0 & x \end{bmatrix}$$

表 2-7 $FR_{12}$ 的功能分解及与 $DP_s$ 的映射

| 功能 | 功能描述 | 设计参数 | 参数描述 |
|---|---|---|---|
| $FR_{121}$ | 满足顺利下放 | $DP_{121}$ | 最小通径 |
| $FR_{122}$ | 满足井下扶正居中度 | $DP_{122}$ | 最大膨胀外径 |
| $FR_{123}$ | 扶正过程中膨胀机构受力平稳 | $DP_{123}$ | 扶正条形状 |
| $FR_{124}$ | 轴向动力转换至径向 | $DP_{124}$ | 推杆、支撑臂及尺寸 |

表 2-8　映射过程的设计矩阵

| FR | DP | | | |
|---|---|---|---|---|
| | $DP_{121}$ | $DP_{122}$ | $DP_{123}$ | $DP_{124}$ |
| $FR_{121}$ | $x$ | 0 | 0 | 0 |
| $FR_{122}$ | 0 | $x$ | 0 | 0 |
| $FR_{123}$ | 0 | 0 | $x$ | 0 |
| $FR_{124}$ | 0 | 0 | $x$ | $x$ |

根据表 2-8 可得出设计功能和设计参数之间的关系如式（2-2）以及设计矩阵$[A_2]$所示。

$$\{FR\} = [A_2] \cdot \{DP\} \qquad (2-2)$$

其中：

$$\begin{bmatrix} FR_{121} \\ FR_{122} \\ FR_{123} \\ FR_{124} \end{bmatrix} = \begin{bmatrix} x & 0 & 0 & 0 \\ 0 & x & 0 & 0 \\ 0 & 0 & x & 0 \\ 0 & 0 & x & x \end{bmatrix} \begin{bmatrix} DP_{121} \\ DP_{122} \\ DP_{123} \\ DP_{124} \end{bmatrix}, \quad [A_2] = \begin{bmatrix} x & 0 & 0 & 0 \\ 0 & x & 0 & 0 \\ 0 & 0 & x & 0 \\ 0 & 0 & x & x \end{bmatrix}$$

表 2-9　$FR_{21}$ 功能分解及参数映射

| 功能 | 功能描述 | 设计参数 | 参数描述 |
|---|---|---|---|
| $FR_{211}$ | 满足可控解锁 | $DP_{211}$ | 开启压力 |
| $FR_{212}$ | 初始状态切换 | $DP_{212}$ | 剪钉规格 |

表 2-10　映射过程的设计矩阵

| FR | DP | |
|---|---|---|
| | $DP_{211}$ | $DP_{212}$ |
| $FR_{211}$ | $x$ | 0 |
| $FR_{212}$ | $x$ | $x$ |

设计功能和设计参数之间的关系如式（2-3）以及设计矩阵$[A_3]$所示。

## 第 2 章　新型可膨胀变径套管扶正器设计

$$\{FR\} = [A_3] \cdot \{DP\} \qquad (2\text{-}3)$$

其中：

$$\begin{bmatrix} FR_{211} \\ FR_{212} \end{bmatrix} = \begin{bmatrix} x & 0 \\ x & x \end{bmatrix} \begin{bmatrix} DP_{211} \\ DP_{212} \end{bmatrix}, \quad [A_3] = \begin{bmatrix} x & 0 \\ x & x \end{bmatrix}$$

表 2-11　$FR_{22}$ 的功能分解及与 $DP_s$ 的映射

| 功能 | 功能描述 | 设计参数 | 参数描述 |
|---|---|---|---|
| $FR_{221}$ | 满足任意位置锁定 | $DP_{221}$ | 齿条组 |
| $FR_{222}$ | 自锁机构不脱落 | $DP_{222}$ | 挡块 |
| $FR_{223}$ | 最终锁定稳定 | $DP_{223}$ | 弹簧组 |

表 2-12　映射过程设计矩阵

| FR | DP | | |
|---|---|---|---|
| | $DP_{221}$ | $DP_{222}$ | $DP_{223}$ |
| $FR_{221}$ | $x$ | 0 | 0 |
| $FR_{222}$ | $x$ | $x$ | 0 |
| $FR_{223}$ | $x$ | $x$ | $x$ |

根据设计矩阵可以得出功能和设计参数之间的关系如式（2-4）以及设计矩阵$[A_4]$所示。

$$\{FR\} = [A_4] \cdot \{DP\} \qquad (2\text{-}4)$$

其中：

$$\begin{bmatrix} FR_{221} \\ FR_{222} \\ FR_{223} \end{bmatrix} = \begin{bmatrix} x & 0 & 0 \\ x & x & 0 \\ x & x & 0 \end{bmatrix} \begin{bmatrix} DP_{221} \\ DP_{222} \\ DP_{223} \end{bmatrix}, \quad [A_2] = \begin{bmatrix} x & 0 & 0 \\ x & x & 0 \\ x & x & x \end{bmatrix}$$

表 2-13　$FR_{31}$ 功能分解及与 $DP_s$ 的映射

| 功能 | 功能描述 | 设计参数 | 参数描述 |
|---|---|---|---|
| $FR_{311}$ | 动力大小满足条件 | $DP_{311}$ | FSCK 物质 |
| $FR_{312}$ | 满足特定环境开启反应 | $DP_{312}$ | FSCK 物质配比 |

表 2-14　映射过程设计矩阵

| FR | DP | |
|---|---|---|
| | $DP_{311}$ | $DP_{312}$ |
| $FR_{311}$ | x | 0 |
| $FR_{312}$ | x | x |

根据机构不脱落功能映射过程的设计矩阵可以得出功能和设计参数之间的关系如式（2-5）以及设计矩阵 $[A_5]$ 所示。

$$\{FR\} = [A_5] \cdot \{DP\} \qquad (2-5)$$

其中：

$$\begin{bmatrix} FR_{311} \\ FR_{312} \end{bmatrix} = \begin{bmatrix} x & 0 \\ x & x \end{bmatrix} \begin{bmatrix} DP_{311} \\ DP_{312} \end{bmatrix}, \quad [A_5] = \begin{bmatrix} x & 0 \\ x & x \end{bmatrix}$$

表 2-15　$FR_{32}$ 的功能分解及与 $DP_s$ 的映射

| 功能 | 功能描述 | 设计参数 | 参数描述 |
|---|---|---|---|
| $FR_{321}$ | 动力产生 | $DP_{321}$ | 内筒、外筒及具体尺寸 |
| $FR_{322}$ | 反应物加注后隔离 | $DP_{322}$ | 密封圈、密封盖 |

表 2-16　映射过程设计矩阵

| FR | DP | |
| --- | --- | --- |
| | DP$_{321}$ | DP$_{322}$ |
| FR$_{321}$ | x | 0 |
| FR$_{322}$ | 0 | x |

根据机构不脱落功能映射过程的设计矩阵可以得出功能和设计参数之间的关系如式（2-6）以及设计矩阵[$A_6$]所示。

$$\{FR\} = [A_6] \cdot \{DP\} \qquad (2\text{-}6)$$

其中：

$$\begin{bmatrix} FR_{321} \\ FR_{322} \end{bmatrix} = \begin{bmatrix} x & 0 \\ 0 & x \end{bmatrix} \begin{bmatrix} DP_{321} \\ DP_{322} \end{bmatrix}, \quad [A_6] = \begin{bmatrix} x & 0 \\ 0 & x \end{bmatrix}$$

根据以上的分析过程可知设计矩阵均为对角矩阵或三角矩阵，设计矩阵是解耦的，满足独立公理，且第三层 DP$_s$ 均为零件设计时所需的具体方法，信息量最小，满足了信息公理。因此，通过公理设计划分的可膨胀变径套管扶正器设计方案为合理的设计。

## 2.2.2　扶正器设计过程的公理化建模

前文所建立的新型扶正器公理化设计方案，第一层功能分解得到了膨胀机构（DP$_1$）、控制机构（DP$_2$）、动力机构（DP$_3$）、静动性能分析（DP$_4$）这 4 个设计结构，将 FR$_s$ 和 DP$_s$ 的映射迭代过程表征成如图 2-7 所示层次结构。最终分解结果为 18 个叶的功能需求及其对应的设计参数。由各个层次的设计矩阵描述的功能需求和设计参数间的关系得到一个 18×18 的最终设计矩阵，如表 2-17 所示。最终设计矩阵是一个下三角矩阵，因此所构建的新型可膨胀变径套管扶正器设计方案满足独立公理，在功能实现、功能保障上是可行的。

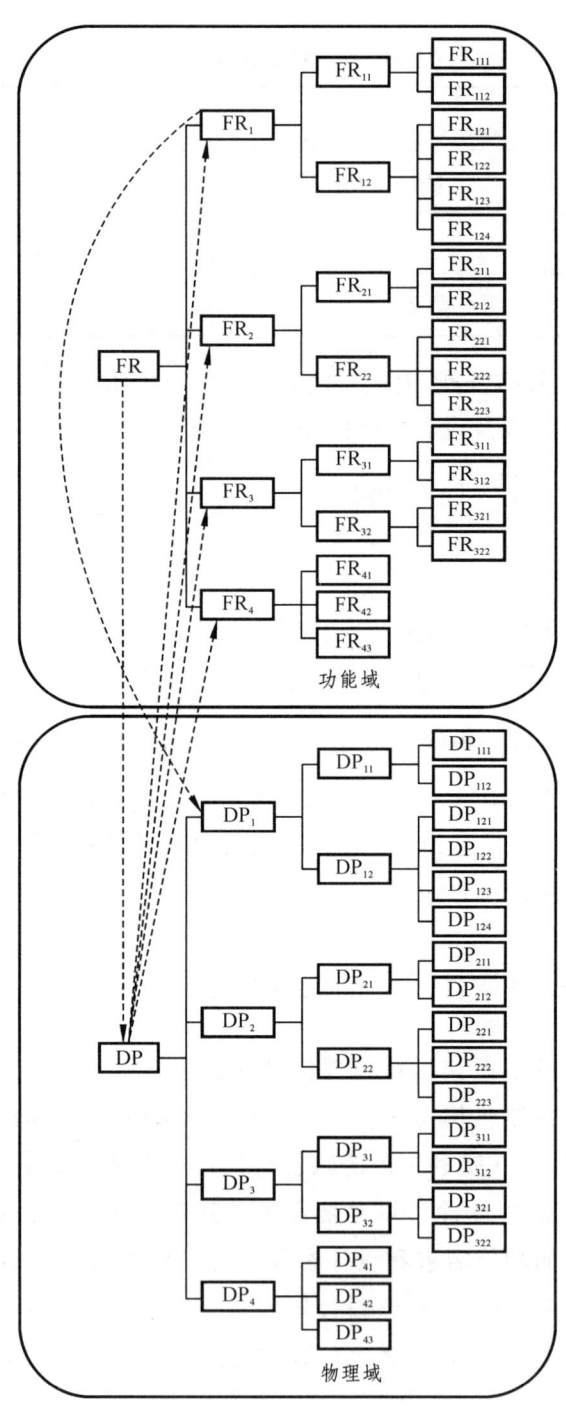

图 2-7　FR 和 DP 的层次结构

表 2-17　整体设计矩阵

| FR | DP | | | | | | | | | | | | | | | | | |
|---|---|---|---|---|---|---|---|---|---|---|---|---|---|---|---|---|---|---|
| | $DP_{111}$ | $DP_{112}$ | $DP_{121}$ | $DP_{122}$ | $DP_{123}$ | $DP_{124}$ | $DP_{211}$ | $DP_{212}$ | $DP_{221}$ | $DP_{222}$ | $DP_{223}$ | $DP_{311}$ | $DP_{312}$ | $DP_{321}$ | $DP_{322}$ | $DP_{41}$ | $DP_{42}$ | $DP_{43}$ |
| $FR_{111}$ | x | | | | | | | | | | | | | | | | | |
| $FR_{112}$ | | x | | | | | | | | | | | | | | | | |
| $FR_{121}$ | | | x | | | | | | | | | | | | | | | |
| $FR_{122}$ | | | | x | | | | | | | | | | | | | | |
| $FR_{123}$ | | | | | x | | | | | | | | | | | | | |
| $FR_{124}$ | | | | | x | x | | | | | | | | | | | | |
| $FR_{211}$ | | | | | | | x | | | | | | | | | | | |
| $FR_{212}$ | | | | | | | x | x | | | | | | | | | | |
| $FR_{221}$ | | | | | | | | | x | | | | | | | | | |
| $FR_{222}$ | | | | | | | | | x | x | | | | | | | | |
| $FR_{223}$ | | | | | | | | | x | x | x | | | | | | | |
| $FR_{311}$ | | | | | | | | | | | | x | | | | | | |
| $FR_{312}$ | | | | | | | | | | | | x | x | | | | | |
| $FR_{321}$ | | | | | | | | | | | | | | x | | | | |
| $FR_{322}$ | | | | | | | | | | | | | | | x | | | |
| $FR_{41}$ | | | | | | | | | | | | | | x | x | x | | |
| $FR_{42}$ | x | x | x | x | x | x | | | x | | | | | | | | x | |
| $FR_{43}$ | x | | x | x | x | x | | x | | | | | | | | | x | x |

通过对图 2-7 和表 2-17 的分析，可以得到如图 2-8 所示的可膨胀变径套管扶正器公理化设计流程图。在可膨胀变径套管扶正器的设计方案中，设计模型的 4 个模块（M）包括：膨胀机构模块 $M_1$、控制机构模块 $M_2$、动力机构模块 $M_3$、性能校核模块 $M_4$。在图 2-8 中，Ⓢ 是和节点，表示模块之间为无耦合设计，设计时不必考虑先后顺序；Ⓒ 是控制节点，表示模块之间为解耦设计，设计时必须按照设计矩阵建议的次序来控制。模块 $M_i$ 定义为设计矩阵的行，当相应于 DP 的输入时，产生 FR，$M_i$ 可以表示为：

$$M_i = \sum_{j=1}^{j=i} \frac{\partial FR_i}{\partial DP_j} \cdot \frac{DP_j}{DP_i} \qquad (2\text{-}7)$$

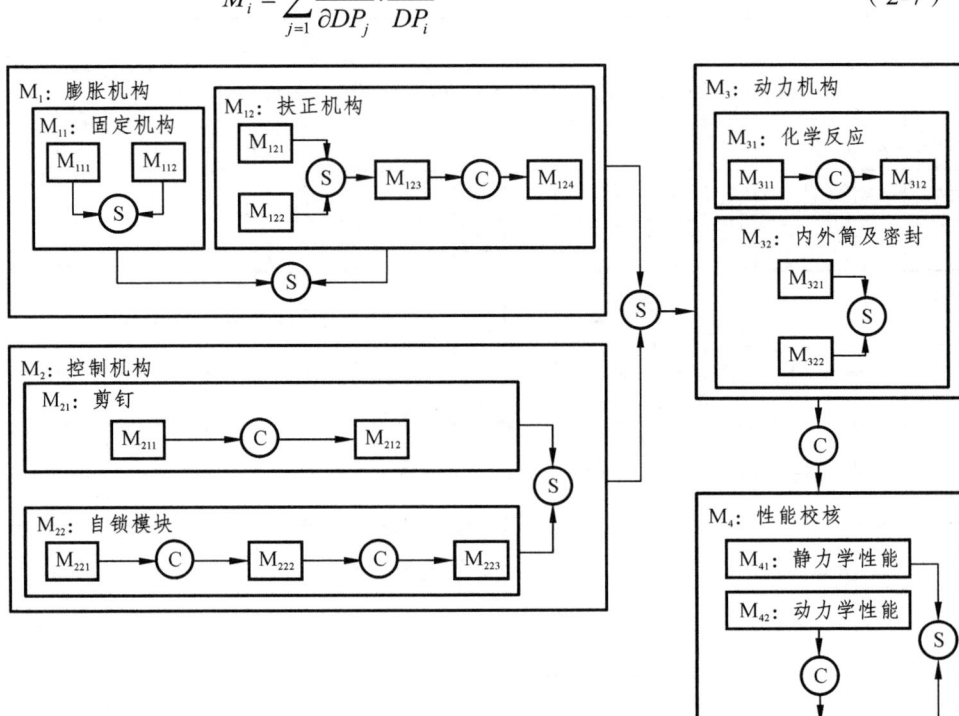

图 2-8 可膨胀变径套管扶正器公理化设计流程

后续章节将具体说明可膨胀变径套管扶正器的设计方案，即前两章通过公理设计得到的设计方案的具体实现。

## 2.3 可膨胀变径套管扶正器结构设计方案实现

### 2.3.1 总体结构方案设计

根据新型节流器结构设计方案公理化建模，扶正器结构包括：膨胀机构模块 $M_1$、控制机构模块 $M_2$、动力机构模块 $M_3$ 三个模块，与此相对应，所设计可膨胀变径套管扶正器的结构分为三个部分，分别为膨胀机构、控制机构、动力机构，如图 2-9 所示为可膨胀变径套管扶正器总体结构方案。

# 第 2 章  新型可膨胀变径套管扶正器设计

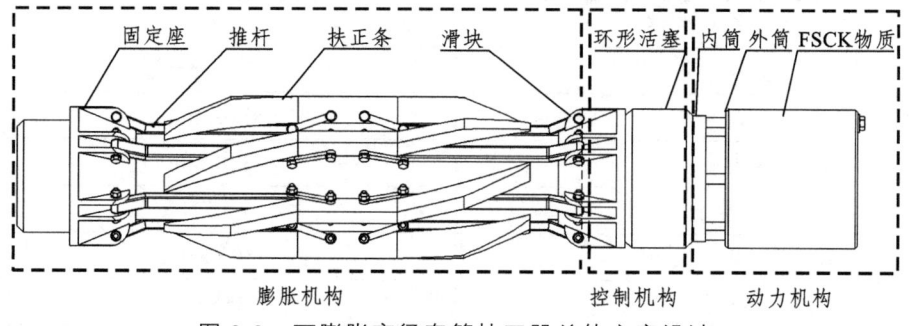

图 2-9  可膨胀变径套管扶正器总体方案设计

（1）膨胀机构：由扶正条、推杆、滑块、固定座和支撑臂等主要零部件组成。膨胀机构依据全自动收缩膨胀原理为基础进行设计，其运动过程为：动力机构提供动力剪断剪钉，依次推动环形活塞、滑块、推杆轴向运动，进行带动弹性扶正片向外动作，此时套管扶正器外径变大，以实现对套管的支撑和扶正作用。

（2）控制机构：如图 2-9 所示，由环形活塞、弹簧、齿条和剪钉等主要零部件组成，依据下入井的具体参数（井温、井压等）进行设定。FSCK 物质在一定压力和温度条件下形态稳定，随着井中温度和压力的变化，FSCK 物质逐渐发生反应，释放出能量。当 FSCK 物质产生的推力大于设定剪钉承受载荷的临界值时，剪钉被剪断，使其推动前行。当扶正器完成扶正工作，停止运动后，自锁机构锁紧，防止回退，真正做到每口井的个性化设计。

（3）动力机构：如图 2-9 所示，由内筒、外筒等零件以及驱动该工具实现变径的 FSCK 物质组成，工作动力由装在腔室内的 FSCK 物质提供，腔室是由外筒、内筒组装后形成的密闭空间，内装 FSCK 物质，依靠 FSCK 物质发生反应后产生的膨胀力在内筒环形圈上产生压推力，推动环形活塞发生轴向位移。

根据实际井况以及各种不同类型套管扶正器的结构尺寸设计，拟定所设计的可膨胀变径套管扶正器总体长度为 1 265 mm，初始收缩状态下的最大外径为 $\phi$210 mm，可变径半径范围为 55 mm，设定开启压力为 1 MPa，各机构承压能力大于 800 MPa，其他主要工艺设计参数如表 2-18 所示。

表 2-18　可膨胀变径套管扶正器的主要设计参数

| 参数名称 | 设计值 |
| --- | --- |
| 最大外径 | $\phi$210 mm |
| 最小通径 | $\phi$110 mm |
| 最大膨胀外径 | $\phi$320 mm |
| 承托力 | 7.5 kN |
| 承压能力 | >800 MPa |
| 长度 | 1 256 mm |
| 打开压力 | 1 MPa |

### 2.3.2　膨胀机构

根据可膨胀变径套管扶正器需要满足变径伸缩要求的设计功能（$FR_1$），它需要实现机构不脱落（$FR_{11}$）、能够变径（$FR_{12}$）的具体功能，这部分即为膨胀机构部分（$DP_1$）的具体实现。膨胀机构依据全自动收缩膨胀原理设计而来。图 2-10 是膨胀机构的主要零部件结构设计，图 2-11 是各个零部件装配后的完整膨胀机构。该机构在随套管下放过程中，处于收缩状态，这样便可减少下放阻力，使其能够顺利下放到预定位置。膨胀机构在运动过程中，首先剪钉在延时一段时间后，在动力机构的推力作用下，推动环形活塞发生轴向运动，在环形活塞的推力作用下，剪钉被剪断，环形活塞就会推动滑块，滑块推动推杆，推杆带动支撑臂，支撑臂施加力给弹性扶正片，弹性扶正片在一系列联动机构的推力作用下开始向外膨胀，可膨胀变径套管扶正器外径变大，达到支撑、扶正套管的效果。

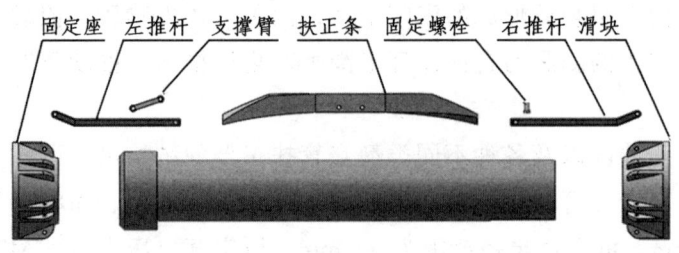

图 2-10　膨胀机构主要零部件结构设计

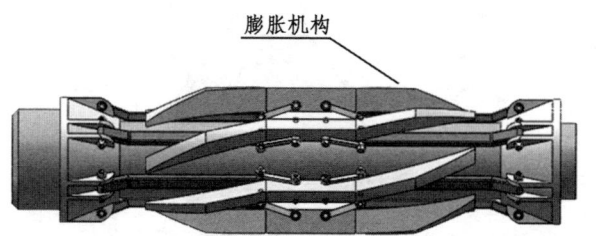

图 2-11 装配完成后的整体膨胀机构

## 2.3.3 控制机构

本部分为控制机构部分（$DP_2$）的具体实现：根据可膨胀变径套管扶正器需要满足膨胀时机可控要求（$FR_2$）的设计功能，它需要能够实现初始状态锁定及解锁（$FR_{21}$）、最终状态锁定（$FR_{22}$）的具体功能，控制机构在整个可膨胀变径套管扶正器作业过程中起到控制初始运动以及完成自锁功能的作用，它所表示的是初始运动和停止运动后的两种临界状态，图 2-12 是控制机构主要零部件结构设计，图 2-13 是各个零部件装配后的完整控制机构。在初始条件下，即井下压强和温度并没有达到 FSCK 物质设定值时，FSCK 物质在一定压力下形态稳定，由于剪钉的限制作用，膨胀机构和其他从动件一直处于静止状态。经过一段时间后，井下温度上升，压强增大，达到 FSCK 物质设定值后，FSCK 物质发生作用，剪钉在动力机构的推动下被剪断，使其推动前行。当动力机构的推动力与井壁施加的反作用力达到平衡状态时，停止运动，自锁机构锁紧，防止回退，该自锁机构是由两块齿形相对的齿条和弹簧组成，挡块通过固定螺钉与环形活塞安装在一起。挡块的作用是固定锁紧机构，挡块与环形活塞以及锁紧机构组成一个整体，真正做到每口井的个性化设计。

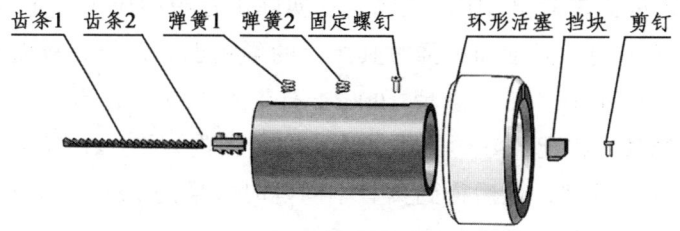

图 2-12 控制机构主要零部件结构设计

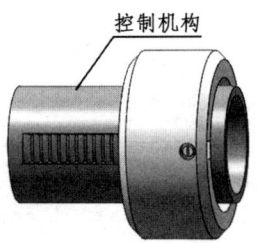

图 2-13 装配完成后的整体控制机构

### 2.3.4 动力机构

根据可膨胀变径套管扶正器需要满足动力要求（$FR_3$）的设计功能，它需要能够实现提供动力（$FR_{31}$）、反应物与工作环境隔离（$FR_{32}$）的具体功能，这部分即为动力机构部分（$DP_3$）的具体实现。

**1. FSCK 物质的功能及性能参数分析**

对于能够满足提供动力（$FR_{31}$）的功能，此处选用 FSCK 物质作为提供动力的反应物。FSCK 物质在本书设计的可膨胀变径套管扶正器工具中主要有两方面的功能：

（1）作为动力源，驱动该工具实现变径运动。

（2）起到延时作用，延时的目的主要是为套管串的安全下入提供足够的时间，保证套管串能够完全下入到井中。

FSCK 物质由硼酚醛树脂 FB、石英砂（主要成分为 $SiO_2$）、工业酒精（主要成分为 $C_2H_5OH$）以及偶联剂 KH550 按照一定的比例，然后经过一系列工艺处理加工制作而成，取其各种组成物质主要成分的首字母，故称之为 FSCK 物质。FSCK 物质不但能够释放出高能量，而且制作原材料容易获得，成本低，制作过程也比较简单，所以能满足在实际工程中的应用。因为随着 FSCK 物质配制比例不同，温度和压强对其产生的影响也有差异，故而本书将按照硼酚醛树脂 FB 10 kg、工业酒精 10 kg、石英砂 100 kg、偶联剂 0.2 kg 比例制备 FSCK 物质，将配置好的物质装入相应容器内，并且在 70~170 ℃ 不同温度条件下加工处理，最后得到具有不同延时效果的 FSCK 物质，延时效果随加工处理温度变化的关系如表 2-19 所示。

表 2-19 延时效果随加工处理温度变化的关系

| 加工处理时的温度/℃ | 处理后的延时效果/h |
|---|---|
| 70 | 18.4 |
| 90 | 19.2 |
| 110 | 20.7 |
| 130 | 22.1 |
| 150 | 24.4 |
| 170 | 26.8 |

制作而成的 FSCK 物质会随着温度和压强的变化而发生反应，释放出的能量产生推力，推动机构运动。FSCK 物质释放出的能量所产生的推力随温度和压力变化的特性曲线如图 2-14、图 2-15 所示。

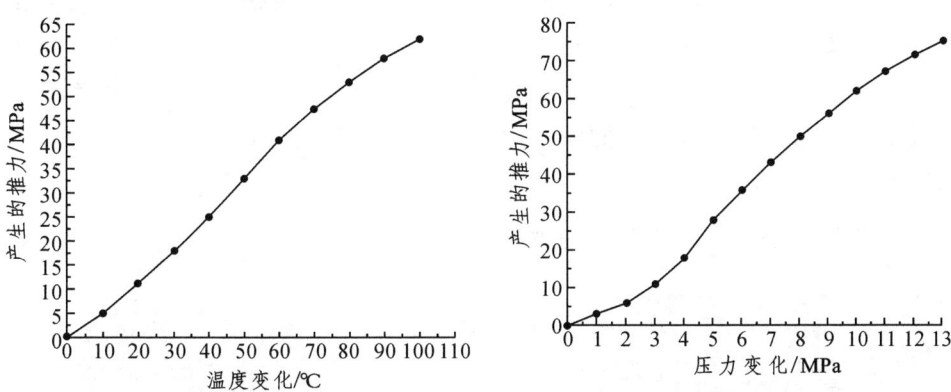

图 2-14　FSCK 物质产生的推力随温度变化　　图 2-15　FSCK 物质所产生的推力随压力变化

FSCK 物质并不会因为温度和压强变化而马上发生化学反应，在制作过程中，随着各物质配制比例的不同以及加工工艺的差异，该物质会有不同程度的延时后才会发生反应。根据固井要求，该物质设定的延时效果在 20～25 h 之间，延时的主要目的是保证该工具完全下入井中。在实际工程中，随着井的深度加深，井中温度和压力也会随之逐渐增加，由 FSCK 物质变化特性曲线可知，随着温度和压力的增大，产生的推力也随之增大。可膨胀变径套管扶正器打开压力约 1 MPa，承压能力大于 80 MPa，由图 2-14、图 2-15 特性曲线可知，FSCK 物质符合可膨胀变径套管扶正器各项压力值设定，因此满足在实际工程中的应用条件。

FSCK 物质作为该工具中的动力源，主要作用便是推动设计的套管扶正器工具实现可变径运动以及延时作用，以上对 FSCK 物质在该工具中所起到的主要功能以及相关性能进行了阐述，以下对其结构设计进行介绍。

2. 机构设计

根据之前的功能分解，除了提供动力（$FR_{31}$）的功能外，动力机构（$DP_3$）还需要满足反应物与工作环境隔离（$FR_{32}$）的功能，所以此处根据气缸原理以及它的外形，进行了动力机构的结构设计，图 2-16 是动力机构的主要零部件结构设计；图 2-17 是各个零部件装配完成后的完整动力机构。工作介质 FSCK 物质并非气体，而是由相关物质根据一定比例配制而成的固体物质，在一定的压强和温度下，性质稳定，超过设定值以后，发生反应，释放出能量，推动缸筒运动。该物质的设定值由地面设定（即根据实际工作需要在配制过程中由各物质所占比例以及加工处理过程决定），该物质是一种因温度和压强等影响而发生化学反应的物质。FSCK 物质装在腔室内，随套管一起在井下工作。腔室是由外筒、内筒组装后形成的密闭空间，内装 FSCK 物质，依靠 FSCK 物质膨胀后产生的膨胀力在内筒环形圈上产生压推力，推动环形活塞发生轴向位移。

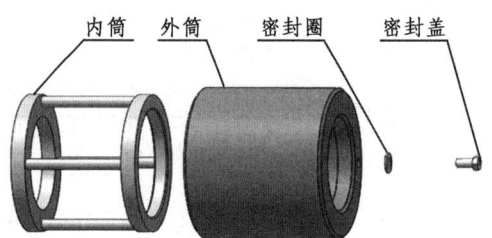

图 2-16　动力机构的主要零部件结构设计　　图 2-17　装配完成后的整体动力机构

### 2.3.5　可膨胀变径套管扶正器结构整体

在完成膨胀机构（$DP_1$）、控制机构（$DP_2$）及动力机构（$DP_3$）三大机构的设计后，建立的可膨胀变径套管扶正器三维实体模型如图 2-18 所示。将套管扶正器安装在套管上，随后将套管扶正器随套管一起下入井中。在随套管下入井中的初始过程中，套管扶正器一直处于收缩状态，当下入到井中预定深度后，缸筒内 FSCK 物质由于受井内温度和压力影响，一段时间后便开始发生作用（因为 FSCK 物质在制作过程中，各物质配制比例的不同以及加工工艺的差异，FSCK 物质会有不同程度的延时后才会发生反应）。释放出能量并产生推力（缸筒由内筒和外筒组成，FSCK 物质放在由内筒和外筒形成的密封空间内），推动内筒沿轴向运动，内筒给活塞施加一轴向压力，当压力达到预定值后，剪钉被剪断，活塞便开始推动滑块沿轴向运动。滑块推动推杆移动，推杆与支撑臂铰接在一起，支撑臂与扶正片铰接在一起，故而推动扶正片向外扩张，扶正片与井壁接触并将套管抬起来与井壁脱离，直到扶正器完全将套管扶正，使其尽量在井眼内居中，此时锁紧机构自动锁紧，防止因回退而降低居中度，扶正工作完毕，等待固井。

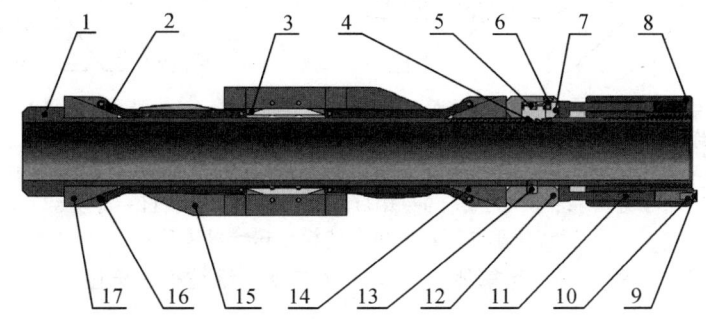

1—安装座；2—推杆；3—支撑臂；4—自锁机构；5—弹簧；6—固定螺钉；7—挡块；
8—外筒；9—密封盖；10—进料孔；11—内筒；12—环形活塞；13—剪钉；
14—滑块；15—扶正片；16—固定螺栓；17—固定座。

图 2-18　可膨胀变径套管扶正器三维实体模型

　　该可膨胀变径套管扶正器工具的设计主要遵循可靠性设计、经济型设计、计算机辅助设计、优化设计以及模块化设计等原则，由此分别对动力机构、控制机构以及膨胀机构各自结构独立设计以及功能的介绍，通过安装座将动力机构、控制机构以及膨胀机构各部分机构有序地组装在一起，运用各自的独特功能实现完整结构的相对运动，从而实现扶正器变径设计的目的。安装座的一端设计有凸台，以此来限制膨胀机构部分运动；安装座的另外一端与缸筒通过螺纹连接，此处可以方便拆卸，对于易损零部件的更换比较容易，节约成本。

　　可膨胀变径套管扶正器的二维结构模型如图 2-19 所示。可膨胀变径套管扶正器结合刚性套管扶正器、液压膨胀式套管扶正器和螺旋式套管扶正器等的诸多优势，因此具有刚度较大、启动力小、下入阻力小、对套管扶正力度大、可靠性高等诸多优点，同时能满足不同井眼大小的需求，故而实用价值高。环形活塞中开有一长方形槽,长方形槽中安装有锁紧机构,该锁紧机构是由两块齿形相对的齿条和弹簧组成,挡块通过固定螺钉与环形活塞安装在一起。挡块的作用是固定锁紧机构,挡块与环形活塞以及锁紧机构组成一个整体。自锁机构部分放大示意图如图 2-20 所示。

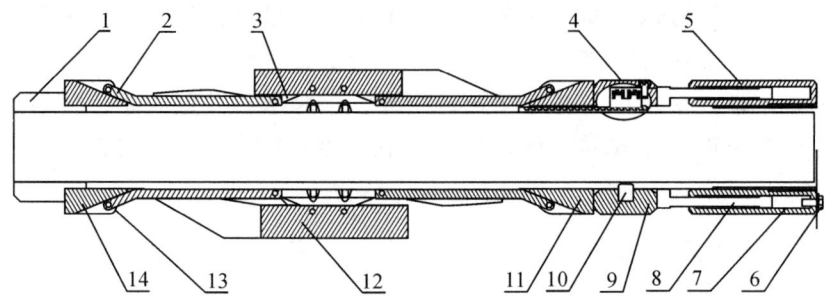

1—安装座;2—推杆;3—支撑臂;4—自锁机构;5—外筒;6—密封盖;
7—进料孔;8—内筒;9—环形活塞;10—剪钉;11—滑块;
12—扶正片;13—固定螺栓;14—固定座。

图 2-19 可膨胀变径套管扶正器二维结构示意图

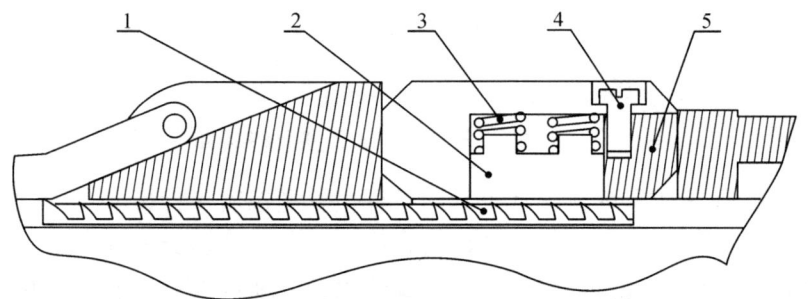

1—齿条 1;2—齿条 2;3—弹簧;4—固定螺钉;5—挡块。

图 2-20 自锁机构部分放大示意图

## 2.4　可膨胀变径套管扶正器静动性能分析

为保障所设计的新型扶正器在功能上满足要求(性能校核模块 $M_4$),本节为 $FR_4$ 设计功能(静动特性满足要求)的具体实现:可膨胀变径套管扶正器的静力学性能分析（$DP_{41}$）、动力学分析（$DP_{42}$）及运动学分析（$DP_{43}$）。所设计的新型扶正器在现场使用过程中主要有两种状态：一种是收缩状态，该状态是在扶正器随套管一起下入井中时的初始状态，此时该扶正器并未向外扩张；另一种是膨胀状态，该状态是在套管扶正器等下放工具一起下入井中并且到达预定目标位置，并向外膨胀扩张。

可膨胀变径套管扶正器的收缩状态如图 2-21 所示。变径套管扶正器收缩状态是在扶正器随套管一起下入井中时的初始状态。处于收缩状态时，套管外径处于最小状态，此时动力机构、控制机构以及膨胀机构各自功能并未发挥作用，即膨胀机构没有发生扩张，而是处于静止状态。可膨胀变径套管扶正器处于收缩状态时可以减小套管扶正器随套管下放时与井壁的摩擦阻力，有利于确保套管串等下放工具安全、方便可靠，并且顺利地下放到预定的目标位置。

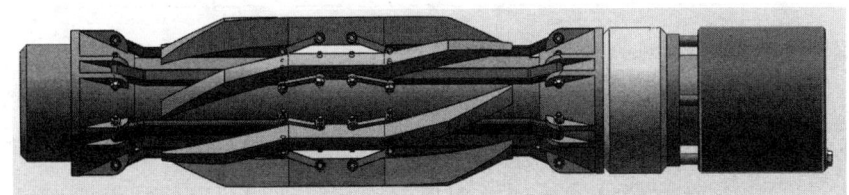

图 2-21　可膨胀变径套管扶正器收缩状态

可膨胀变径套管扶正器的膨胀状态如图 2-22 所示。变径套管扶正器膨胀状态是在套管扶正器等下放工具一起下入井中并且到达预定位置工作时的一种状态。下放工具全部到达预定的井下位置时，套管扶正器开始工作，支撑臂推动扶正片慢慢向外开始膨胀，扶正器将套管抬起来并且与井壁脱离，扶正套管使其尽量在井眼内居中，以此来提高水泥浆顶替效率，从而保证其固井质量，为后续安全和持续产油、产气提供便利的条件。收缩膨胀式结构设计，目的在于满足不同井眼扩径状况下的各种条件。

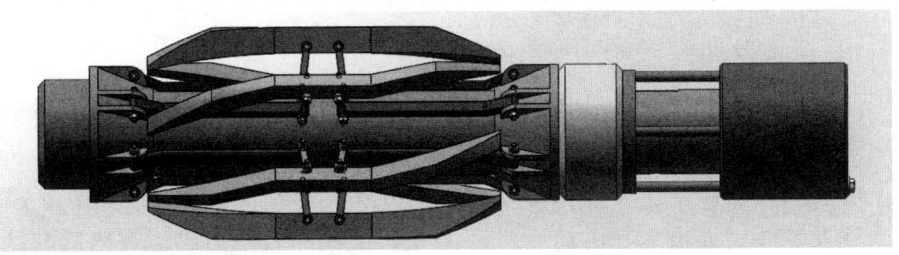

图 2-22　可膨胀变径套管扶正器膨胀状态

## 2.4.1 基于有限元方法的静力学性能分析

**1. 动力机构建模及材料选择**

对高温高压下受力最大的动力机构（由内筒、外筒等零件以及驱动该工具实现变径的 FSCK 物质组成）进行有限元分析。三维模型建立过程中，忽略圆角、倒角等对分析过程影响较小的因素。考虑到动力机构应具备强度大、耐磨以及耐腐蚀性能好等特点，因此材料选用 41Cr4 合金结构钢，41Cr4 合金结构钢的力学性能参数如表 2-20 所示。

表 2-20  41Cr4 合金结构钢材料参数

| 材料 | 密度/（kg/m$^3$） | 弹性模量/GPa | 泊松比 | 屈服强度/MPa | 抗拉强度/MPa |
|---|---|---|---|---|---|
| 41Cr4 | 7 850 | 212 | 0.287 | >785 | >980 |

**2. 网格划分及施加约束和载荷**

动力机构在网格尺寸设置中，各个零件均设置为四面体网格单元，设置网格精度为 1 mm，在此条件下生成网格，动力机构网格划分如图 2-23 所示，对活塞端面以及外筒部分内环面施加约束，载荷施加在内筒和外筒形成的密闭环形空间内。

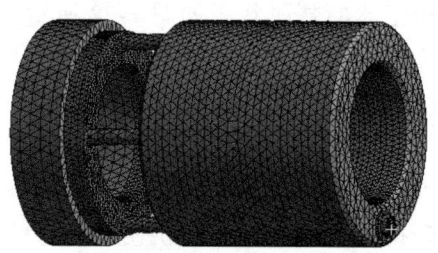

图 2-23  动力机构网格划分

**3. 结果分析**

使用有限元方法对其进行求解，可得出动力机构总变形云图和等效应力云图（为能清楚地看到内部变形情况，将完整结构进行了剖切）。通过分析得知，位移最大变形量出现在内筒受力环面处，位移最小变形量出现在活塞底端，最大等效应力出现在内筒受力环面处，最小等效应力出现在内筒与活塞

## 第 2 章　新型可膨胀变径套管扶正器设计

接触环面处。不同载荷作用下动力机构应变、应力的不同变化情况如表 2-21 所示。以下列出 10 MPa、25 MPa、40 MPa 下的应变、应力云图，如图 2-24 ~ 图 2-26 所示。

表 2-21　不同载荷下的应力应变分析结果

| 载荷值/MPa | 5 | 10 | 15 | 20 | 25 | 30 | 35 | 40 | 45 | 50 |
|---|---|---|---|---|---|---|---|---|---|---|
| 最大应力值/MPa | 104.4 | 197.3 | 279.5 | 368.3 | 436.3 | 507.9 | 576.4 | 647.1 | 715.9 | 792.4 |
| 最大应变值 | 0.162 | 0.238 | 0.312 | 0.390 | 0.487 | 0.587 | 0.680 | 0.783 | 0.875 | 0.978 |

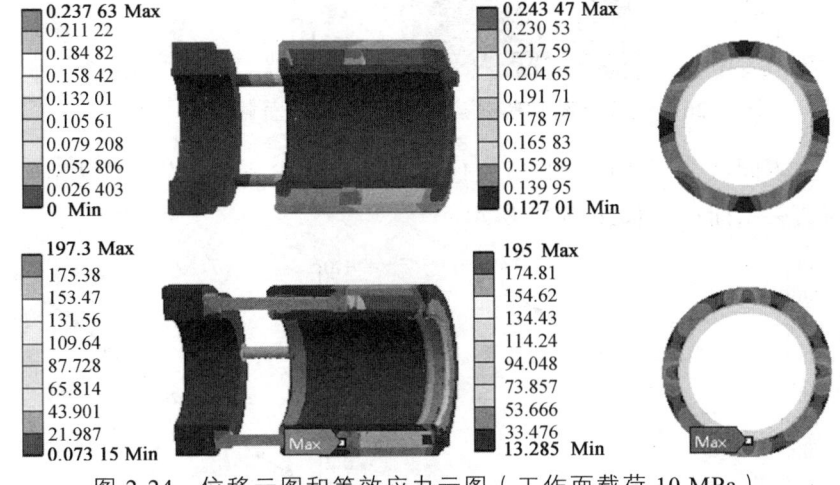

图 2-24　位移云图和等效应力云图（工作面载荷 10 MPa）

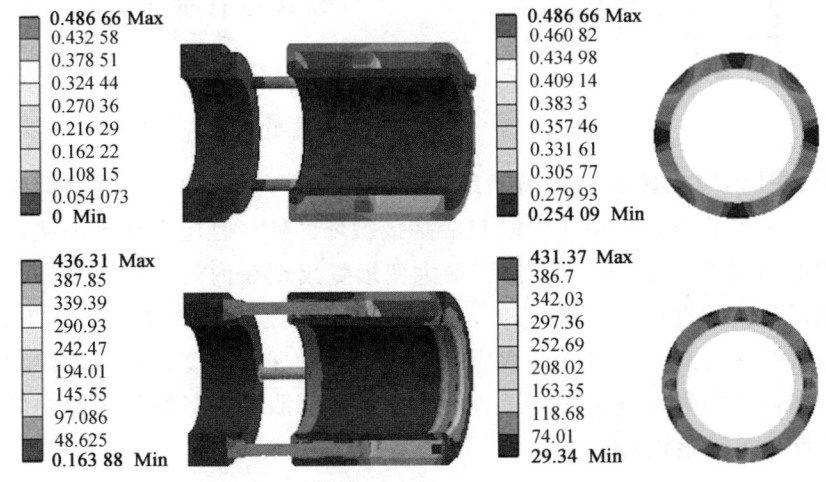

图 2-25　位移云图和等效应力云图（工作面载荷 25 MPa）

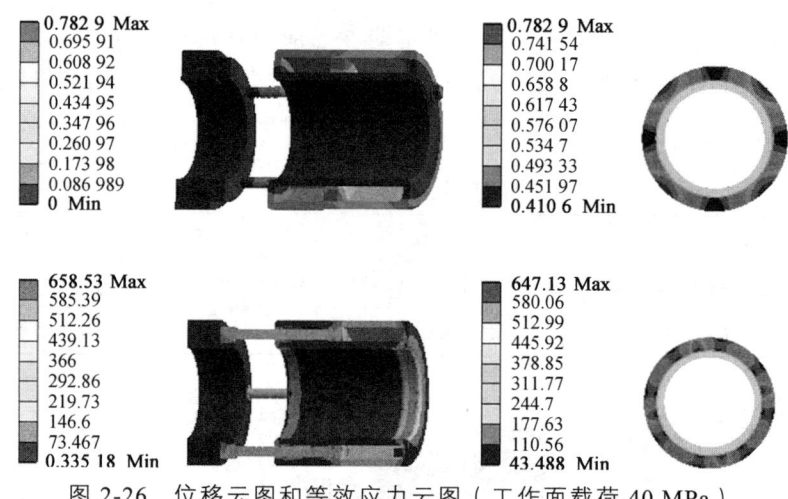

图 2-26　位移云图和等效应力云图（工作面载荷 40 MPa）

根据不同载荷下的应力和应变值，将其绘制成施加载荷与应力和应变参数之间的关系曲线，如图 2-27 所示。

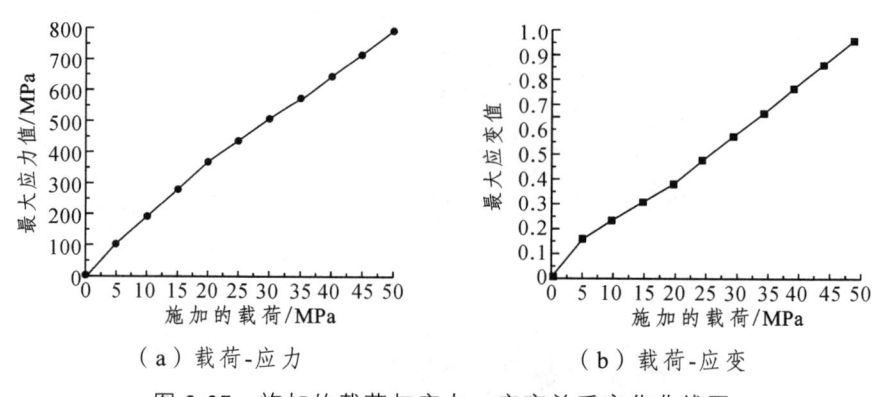

（a）载荷-应力　　　　　　　　（b）载荷-应变

图 2-27　施加的载荷与应力、应变关系变化曲线图

通过图 2-24～图 2-26 的分析结果可知，最大等效应力出现在内筒受力环面处，最小等效应力出现在内筒与活塞接触环面处，且应力随施加载荷的变化规律如图 2-27（a）所示；位移最大变形量出现在内筒受力环面处，位移最小变形量出现在活塞底端，应变随施加载荷变化的规律如图 2-27（b）所示。在载荷达到最大值时，最大应力小于材料的屈服强度，故所设计动力机构易损构件处的强度满足实际工程要求，即可膨胀变径套管扶正器的静力学性能（$DP_{41}$）满足设计要求。

## 2.4.2 动力学及运动学的建模与仿真分析

**1. 运动机构的简化**

对本章设计的可膨胀变径套管扶正器使用仿真模块，对其膨胀运动机构进行动力学建模及仿真分析，以验证本章所设计的膨胀机构的合理性和可靠性。膨胀机构模型如图 2-28 所示。

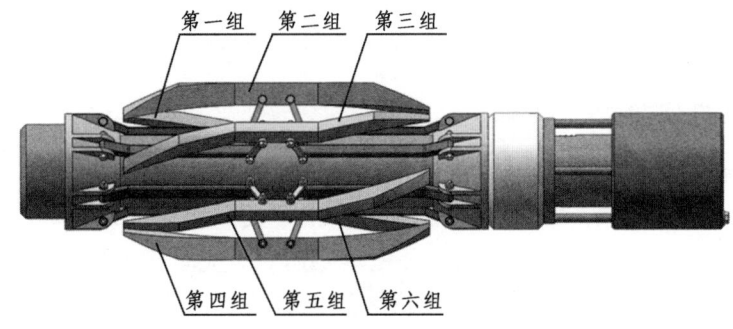

图 2-28 膨胀机构模型

在套管扶正器工作过程中，膨胀机构是主要的运动部件，所以在膨胀机构向外扩张运动过程中应明确扶正片的膨胀范围、推杆以及支撑臂的运动规律，该机构共有六组膨胀机构，每组膨胀机构在结构设计以及运动规律方面均相同，故此处取任意一组膨胀机构进行分析。将右边推杆看作滑块，为原动件，定义为移动副；左边支撑臂可看作曲柄，定义为旋转副（可旋转角度范围为 0°~90°）；其余各部件可看作连杆，定义为从动件。该简化后的运动机构模型类似于曲柄滑块机构，如图 2-29 所示。

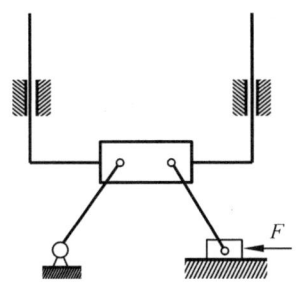

图 2-29 简化后的机构运动简图

为保证膨胀运动机构具有确定的运动，由下式计算可得该系统的自由度：

$$F = 3n - (2p_l + p_h) \quad (2\text{-}8)$$

其中 $n$ 为构件数，$p_l$ 为低副，$p_h$ 为高副。由图 2-29 简化机构可知，该系统具有 4 个活动构件、5 个低副、1 个高副，故机构的自由度为

$$F = 3 \times 4 - (2 \times 5 + 1) = 1$$

由机械原理可知，该膨胀运动机构的自由度数目等于该机构的原动件数目，因此本章所设计的膨胀运动机构具有确定的运动。

2. 动力学模型的建立

根据理论力学，对膨胀机构进行动力学分析。首先对该机构进行简化，受力简图如图 2-30 所示。给推杆施加力，推动支撑臂运动，支撑臂推动扶正片向外扩张运动。扶正片运动到与井壁接触时，井壁向扶正片施加反作用力，当膨胀机构处于平衡状态时，膨胀机构停止运动。

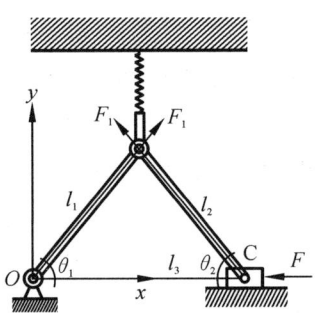

图 2-30 膨胀机构受力简图

由牛顿运动第二定律和胡克定律可得

$$\begin{cases} F - F_1 \cos\theta_2 - \mu(mg + F_1 \sin\theta_2) = ma_C \\ 2F_1 \sin\theta_2 = k \times \Delta x \\ \Delta x = l_2 \sin\theta_2 - l_2 \sin\theta_3 \end{cases} \quad (2\text{-}9)$$

物体 C 的加速度与推力 F 之间的函数关系为

$$a_C = \frac{1}{m}\left[F - \frac{kl_2}{2}(\cot\theta_2 + \mu)(\sin\theta_2 - \sin\theta_3)\right] - \mu g$$

式中：$\mu$ 为系统的摩擦系数，取 0.2；$a_C$ 为物体 C 的加速度；$k$ 为弹簧的劲

度系数，取 2 000 N/m；$m$ 为物体 C 的质量，取 3 kg；$\Delta x$ 为弹簧压缩变形量；$\theta_3$ 为弹簧开始被压缩的临界值（若 $\theta_2 \leqslant \theta_3$ 则弹簧不被压缩，即 $F_1$ 为 0）。

由公式：

$$\begin{cases} v_C^2 - v_0^2 = 2a_C x_C \\ x_C = l_2 - l_2\cos\theta_2 \end{cases} \tag{2-10}$$

得 $v_C = \sqrt{2a_C l_2(1-\cos\theta_2)}$

式中　$v_0$——物体初始速度，m/s；
　　　$x$——物体运动的位移，m。

3. 运用矩阵法对运动模型的推导

利用矩阵法建立数学模型，首先必须根据简化的机构模型建立平面直角坐标系，如图 2-30 所示，简化机构以 $O$ 点为坐标原点，然后对构件进行运动分析。将各构件以矢量形式进行表示，首先建立矢量方程：

$$L_1 + L_2 = L_C \tag{2-11}$$

将各矢量分别向 $X$ 轴和 $Y$ 轴进行分解，得：

$$\begin{cases} l_1\cos\theta_1 + l_2\cos\theta_2 = l_C \\ l_1\sin\theta_1 + l_2\sin\theta_2 = 0 \end{cases} \tag{2-12}$$

式中　$l_1$、$l_2$ 均为常量，$\theta_1$、$\theta_2$、$l_C$ 都是关于时间 $t$ 的变量。

对式（2-12）两边关于 $t$ 求一阶导数，可得速度关系：

$$\begin{cases} -l_1\omega_1\sin\theta_1 - l_2\omega_2\sin\theta_2 = v_C \\ l_1\omega_1\cos\theta_1 + l_2\omega_2\cos\theta_2 = 0 \end{cases} \tag{2-13}$$

式中　$v_C$ 为物体 C 的速度，$\omega_1$、$\omega_2$ 分别为 $l_1$、$l_2$ 的角速度。

将式（2-13）写成矩阵形式：

$$\begin{bmatrix} -l_1\sin\theta_1 & -l_2\sin\theta_2 \\ l_1\cos\theta_1 & l_2\cos\theta_2 \end{bmatrix} \begin{bmatrix} \omega_1 \\ \omega_2 \end{bmatrix} = \begin{bmatrix} v_C \\ 0 \end{bmatrix} \tag{2-14}$$

对式（2-13）两边关于 $t$ 再求一阶导数，可得加速度关系：

$$\begin{cases} -l_1\alpha_1\sin\theta_1 - l_1\omega_1^2\cos\theta_1 - l_2\alpha_2\sin\theta_2 - l_2\omega_2^2\cos\theta_2 = a_C \\ l_1\alpha_1\cos\theta_1 - l_1\omega_1^2\sin\theta_1 + l_2\alpha_2\cos\theta_2 - l_2\omega_2^2\cos\theta_2 = 0 \end{cases} \quad (2\text{-}15)$$

式中 $a_C$ 为物体 C 的加速度，$\alpha_1$、$\alpha_2$ 分别为 $l_1$、$l_2$ 的角加速度。

将式（2-15）写成矩阵形式：

$$\begin{bmatrix} -l_1\sin\theta_1 & -l_2\sin\theta_2 \\ l_1\cos\theta_1 & l_2\cos\theta_2 \end{bmatrix} \begin{bmatrix} \alpha_1 \\ \alpha_2 \end{bmatrix} = \begin{bmatrix} a_C + l_1\omega_1^2\cos\theta_1 + l_2\omega_2^2\cos\theta_2 \\ l_1\omega_1^2\sin\theta_1 + l_2\omega_2^2\sin\theta_2 \end{bmatrix} \quad (2\text{-}16)$$

式（2-14）（2-16）是对运动机构点轨迹仿真的主函数数学模型。在该系统中定义初值为 $v_C = 0$，$\omega_1 = 0$，$\omega_2 = 0$，$\alpha_1 = 0$，$\alpha_2 = 0$，$\theta_1 = 0$，$\theta_2 = 0$，$l_C = 1\ 300\ \text{mm}$。

**4. 膨胀运动机构仿真运动模型的搭建**

根据上一小节运用矩阵法建立的数学模型以及初值的确定，基于 MATLAB 软件建立如图 2-31 所示的膨胀运动机构仿真运动模型，其中子系统模块展开后的形式如图 2-32 所示。

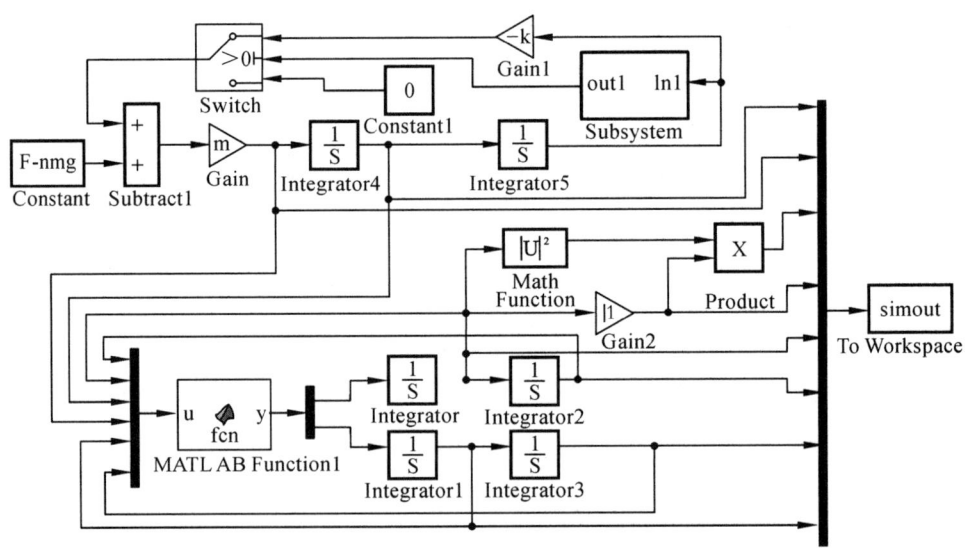

图 2-31　机构运动学仿真模块

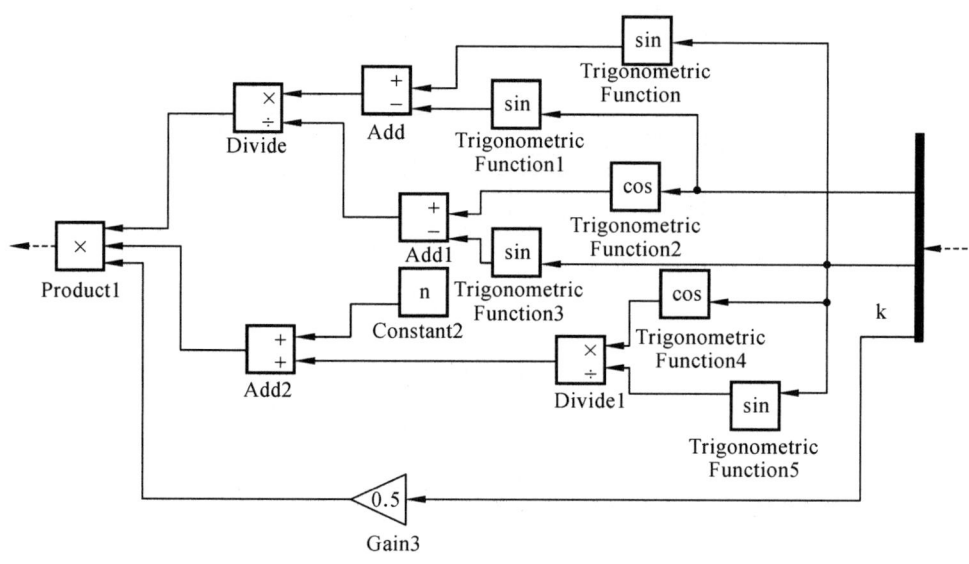

图 2-32　子系统模块

图 2-31 中的 fcn 功能模块，是建立计算杆件角加速度方程（2-15）时所设计的函数文件，并在建模时将该函数嵌入到了仿真分析中，这种方法既可以方便调用该模块函数，也可以快速查找错误以便修改。

## 5. 仿真结果分析

根据矩阵法建立的数学模型，并运用仿真模块中各个模块功能库中的函数关系构建仿真模型，在初始值的确定以及相关参数的设置等约束条件下，通过仿真运算，可得到扶正片运动规律，如图 2-33 所示。

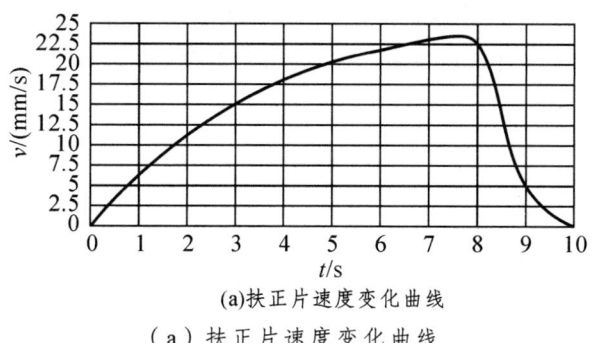

(a)扶正片速度变化曲线

（a）扶正片速度变化曲线

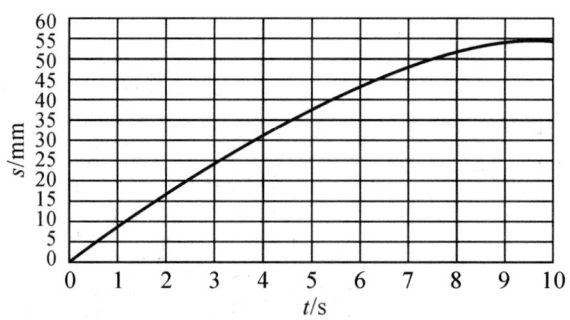

（b）扶正片位移变化曲线

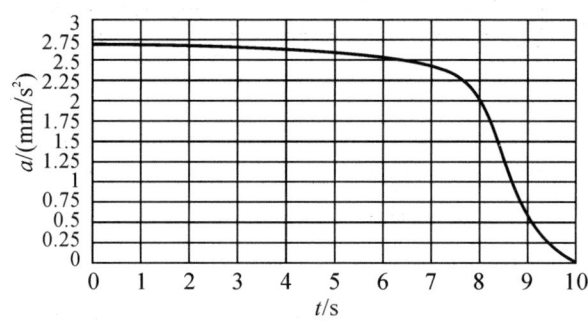

（c）扶正片加速度变化曲线

图 2-33　膨胀机构运动曲线

分析图 2-33 可知，在 0~7s 内，扶正片未接触井壁，仅在动力机构推力和套管串重力作用下运动，所以膨胀机构运动趋势大致是线性变化关系；在 7s 后，扶正片与井壁接触，井壁对扶正片施加反作用力，运动趋势出现骤变，但是由于岩层土质并没有刚性特性，故而会有一定的柔性、缓冲效果，避免因冲击力过大而对运动部件造成损坏，对运动构件起到良好的保护作用。因此膨胀变径套管扶正器的动力学性能（$DP_{42}$）与运动学性能（$DP_{43}$）满足设计要求，即本章设计的膨胀机构在运行过程中的可靠性以及可行性满足实际工程需求。

# 第 3 章　新型仿生测井仪结构设计

## 3.1　新型仿生结构测井仪的提出

### 3.1.1　研究背景

测井是石油开发过程中至关重要的一环,其中测井仪具有举足轻重的作用。测井仪具有自适应井径和测量井径的功能,精确测量井径能够有效计算井体体积。方位测量仪和井径测井仪二者相辅相成,能够进一步获取地层应力数据,为研究提供更好的基础数据支撑。根据方位测量仪和井径测井仪所测数据,利用专业算法绘制井眼集合图,可用于油井作业参考。

井径测井仪通过伸缩测井臂进行作业,对于深度一定、直径不同的井体可实现反复测量,以提高测量精确度。如图 3-1 所示为测井仪工作状态,图 3-2 所示为测井仪打开状态,二者分别展示了井径测井仪的不同运动状态。

图 3-1　测井仪工作状态

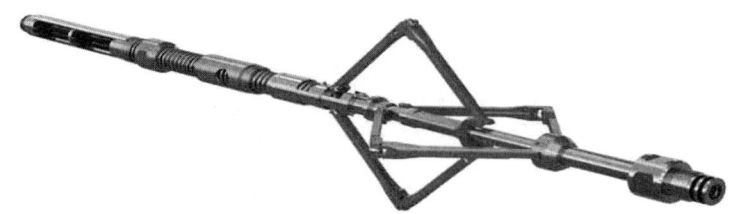

图 3-2　测井仪打开状态

仿生学是一门通过研究生物的结构、性状、机理、行为以及相互作用，从而为工程技术提供新的设计思想、工作原理和系统构成的技术科学。在油气领域中，利用仿生技术的思维和方法进行研究，具有如下显著优势：

（1）借鉴生物在信息感知和运动方面的特性，研制新型信息传递装置，提高信号采集的精度、广度及适用范围，该技术可用于提高油田生产状态的实时监测与控制水平，提高大数据处理能力和智能化水平。

（2）对生物功能进行模仿和实现，注重结构相似或生物功能的工程实现，优化油气设备的功能结构和控制方式，促进功能拓展，提高作业效率和便捷化程度。

仿生技术不仅解决了钻井、管道防护等技术难题，也对测井技术的创新理念和思维产生了重要影响。现有测井仪普遍存在测井性能较低、生产成本较高且现场适用性差的问题，而新型仿生式测井仪可以有效解决这些问题。基于仿生学的思维和方法，以蜈蚣躯体为原型，其结构如图 3-3 所示，设计一款新型仿生式测井仪，躯体部分由多体节并联而成，其中每对足体具有独立运动单元，中枢系统可通过指令单独控制每组体节运动，以实现躯体动作。

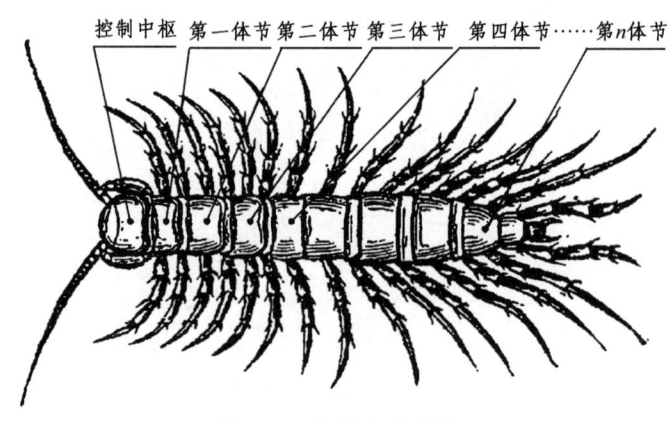

图 3-3　蜈蚣躯体结构

## 3.1.2 需求分析

传统测井仪主要存在以下问题:
(1) 测量精度低,测井失效(效率)低。
(2) 测井臂易损坏,不易更换维修。
(3) 测井性能差,在环境恶劣的油井中测量功能容易失效。

针对测井仪在实际工程中存在的问题,结合测井仪的相关理论,联系蜈蚣躯体结构和运动特点,秉承绿色设计、并行设计、模块化设计、系统化设计和计算机辅助设计等现代设计理念,设计了一种测量精度高、可靠性高、工作效率高、方便维修、独立性好的新型仿生式测井仪。

## 3.2 测井仪设计方案的公理化建模

测井仪的功能为测量井径,主要由井下仿生式测井装置和井上计算分析系统组成。新型仿生式测井仪采用逐层分解的方式进行公理化建模,提高了设计方案的成功率和方案的可行性。本节主要运用表格化建模和流程图建模,逐层进行功能分解。

### 3.2.1 测井仪设计方案的公理化表征

**1. 设计功能和结构(参数)的第一层分解**

测井仪进行公理化设计主要是实现井径测量的总功能,根据上一章的需求分析,结合测井仪的主要设计参数,第一层功能分解为分动式测量井径、工作性能满足要求和精准计算井径。测井仪第一层功能分解及参数映射如表3-1所示。

表3-1 测井仪第一层功能分解及参数映射

| 功能描述 | | 参数描述 | |
|---|---|---|---|
| $FR_1$ | 分动式测量井径 | $DP_1$ | 仿生式测井仪总体结构设计 |
| $FR_2$ | 工作性能满足要求 | $DP_2$ | 机械、运动学性能分析 |
| $FR_3$ | 精准计算井径 | $DP_3$ | 测井仪精准分析系统开发 |

在上述功能分解中，$FR_3$ 与 $FR_1$、$FR_2$ 相互独立，满足独立公理。$FR_2$ 功能的实现首先要保证 $FR_1$ 功能的实现，因此产生了符合解耦设计（满足独立公理）的下三角矩阵 $[A_0]$。第一层映射过程的设计矩阵如表 3-2 所示。

表 3-2　第一层映射过程的设计矩阵

| FR | DP | | |
|---|---|---|---|
| | $DP_1$ | $DP_2$ | $DP_3$ |
| $FR_1$ | $x$ | 0 | 0 |
| $FR_2$ | $x$ | $x$ | 0 |
| $FR_3$ | 0 | 0 | $x$ |

其中，$FR_s$ 与 $DP_s$ 的映射关系及相应设计矩阵 $[A_0]$ 如下所示。

$$\begin{bmatrix} FR_1 \\ FR_2 \\ FR_3 \end{bmatrix} = \begin{bmatrix} x & 0 & 0 \\ x & x & 0 \\ 0 & 0 & x \end{bmatrix} \begin{bmatrix} DP_1 \\ DP_2 \\ DP_3 \end{bmatrix}, \quad [A_0] = \begin{bmatrix} x & 0 & 0 \\ x & x & 0 \\ 0 & 0 & x \end{bmatrix}$$

**2. 设计功能和结构（参数）的第二层分解**

在第一级设计矩阵中有三个功能模块，分别对三个功能模块再进行第二级的分析分解。

针对 $FR_1$（分动式测量井径）功能进行功能分解，如表 3-3 所示为 $FR_1$（分动式测量井径）功能分解及参数映射。

表 3-3　$FR_1$（分动式测量井径）功能分解及参数映射

| 功能描述 | | 参数描述 | |
|---|---|---|---|
| $FR_{11}$ | 实现仿生功能 | $DP_{11}$ | 仿蜈蚣分动式结构设计 |
| $FR_{12}$ | 控制测井臂的运动状态 | $DP_{12}$ | 电机驱动控制系统设计 |
| $FR_{13}$ | 测井臂测量井径 | $DP_{13}$ | 测井臂模块化设计 |
| $FR_{14}$ | 防护固定测井臂 | $DP_{14}$ | 防护固定装置设计 |

其中，$FR_{11}$ 是 $FR_{12}$、$FR_{13}$ 和 $FR_{14}$ 功能满足的前提，$FR_{13}$ 也是 $FR_{14}$ 功能满足的前提，因此产生了满足解耦设计的下三角矩阵 $[A_1]$，$FR_1$ 映射过程的设计矩阵如表 3-4 所示。

## 第 3 章 新型仿生测井仪结构设计

表 3-4 $FR_1$ 映射过程的设计矩阵

| FR | DP | | | |
|---|---|---|---|---|
|  | $DP_{11}$ | $DP_{12}$ | $DP_{13}$ | $DP_{14}$ |
| $FR_{11}$ | x | 0 | 0 | 0 |
| $FR_{12}$ | x | x | 0 | 0 |
| $FR_{13}$ | x | 0 | x | 0 |
| $FR_{14}$ | x | 0 | x | x |

其中，$FR_s$ 与 $DP_s$ 的映射关系及相应设计矩阵 $[A_1]$ 如下所示。

$$\begin{bmatrix} FR_{11} \\ FR_{12} \\ FR_{13} \\ FR_{14} \end{bmatrix} = \begin{bmatrix} x & 0 & 0 & 0 \\ x & x & 0 & 0 \\ x & 0 & x & 0 \\ x & 0 & x & x \end{bmatrix} \begin{bmatrix} DP_{11} \\ DP_{12} \\ DP_{13} \\ DP_{14} \end{bmatrix}, \quad [A_1] = \begin{bmatrix} x & 0 & 0 & 0 \\ x & x & 0 & 0 \\ x & 0 & x & 0 \\ x & 0 & x & x \end{bmatrix}$$

针对 $FR_2$（工作性能满足要求）功能进行分解，如表 3-5 所示为 $FR_2$（工作性能满足要求）功能分解及参数映射。

表 3-5 $FR_2$（工作性能满足要求）功能分解及参数映射

| 功能描述 | | 参数描述 | |
|---|---|---|---|
| $FR_{21}$ | 仿真计算 | $DP_{21}$ | 建立有限元模型 |
| $FR_{22}$ | 满足机械强度要求 | $DP_{22}$ | 确定材料的形变和应力 |
| $FR_{23}$ | 满足运动学要求 | $DP_{23}$ | 确定螺母、底座的运动参数 |

其中，$FR_{21}$ 和 $FR_{22}$、$FR_{23}$ 为解耦关系，须先进行 $FR_{21}$ 的实现，再进行 $FR_{22}$ 和 $FR_{23}$ 的实现，并且 $FR_{22}$ 和 $FR_{23}$ 彼此相互独立，因此产生了满足解耦设计的下三角矩阵 $[A_2]$，$FR_2$ 映射过程的设计矩阵如表 3-6 所示。

表 3-6 $FR_2$ 映射过程的设计矩阵

| FR | DP | | |
|---|---|---|---|
|  | $DP_{21}$ | $DP_{22}$ | $DP_{23}$ |
| $FR_{21}$ | x | 0 | 0 |
| $FR_{22}$ | x | x | 0 |
| $FR_{23}$ | x | 0 | x |

其中，$FR_s$ 与 $DP_s$ 的映射关系及相应设计矩阵$[A_2]$如下所示。

$$\begin{bmatrix} FR_{21} \\ FR_{22} \\ FR_{23} \end{bmatrix} = \begin{bmatrix} x & 0 & 0 \\ x & x & 0 \\ x & 0 & x \end{bmatrix} \begin{bmatrix} DP_{21} \\ DP_{22} \\ DP_{23} \end{bmatrix}, \quad [A_2] = \begin{bmatrix} x & 0 & 0 \\ x & x & 0 \\ x & 0 & x \end{bmatrix}$$

针对 $FR_3$（精准计算井径）功能进行分解，如表 3-7 所示为 $FR_3$（精准计算井径）功能分解及参数映射。

表 3-7 $FR_3$（精准计算井径）功能分解及参数映射

| 功能描述 | | 参数描述 | |
| --- | --- | --- | --- |
| $FR_{31}$ | 采集测量信号 | $DP_{31}$ | 井下信号采集系统设计 |
| $FR_{32}$ | 精确计算数据 | $DP_{32}$ | 井上精确分析系统开发 |

$FR_{31}$ 和 $FR_{32}$ 相互独立，满足独立公理，产生了满足独立公理的对角线矩阵$[A_3]$，$FR_3$ 映射过程的设计矩阵如表 3-8 所示。

表 3-8 $FR_3$ 映射过程的设计矩阵

| FR | DP | |
| --- | --- | --- |
| | $DP_{31}$ | $DP_{32}$ |
| $FR_{31}$ | x | 0 |
| $FR_{32}$ | 0 | x |

其中，$FR_s$ 与 $DP_s$ 的映射关系及相应设计矩阵$[A_3]$如下所示。

$$\begin{bmatrix} FR_{31} \\ FR_{32} \end{bmatrix} = \begin{bmatrix} x & 0 \\ 0 & x \end{bmatrix} \begin{bmatrix} DP_{31} \\ DP_{32} \end{bmatrix}, \quad [A_3] = \begin{bmatrix} x & 0 \\ 0 & x \end{bmatrix}$$

### 3. 设计功能和结构（参数）的第三层分解

在第二级设计矩阵中有五个功能模块可以进行第三层的分解，下面分别对五个功能模块进行第三级的分析分解。

针对 $FR_{12}$（控制测井臂的运动状态）功能进行分解，如表 3-9 所示为 $FR_{12}$（控制测井臂的运动状态）功能分解及参数映射。

## 第3章 新型仿生测井仪结构设计

表 3-9 $FR_{12}$（控制测井臂的运动状态）功能分解及参数映射

| 功能描述 | | 参数描述 | |
|---|---|---|---|
| $FR_{121}$ | 转化数字信号 | $DP_{121}$ | 信号转化电路设计 |
| $FR_{122}$ | 控制电机转动方向 | $DP_{122}$ | 驱动器设计 |

其中 $FR_{121}$ 和 $FR_{122}$ 彼此独立，产生了满足独立公理的对角线矩阵$[A_{12}]$，$FR_{12}$ 映射过程的设计矩阵如表 3-10 所示。

表 3-10 $FR_{12}$ 映射过程的设计矩阵

| FR | DP | |
|---|---|---|
| | $DP_{121}$ | $DP_{122}$ |
| $FR_{121}$ | $x$ | 0 |
| $FR_{122}$ | 0 | $x$ |

其中，$FR_s$ 与 $DP_s$ 的映射关系及相应设计矩阵$[A_{12}]$如下所示。

$$\begin{bmatrix} FR_{121} \\ FR_{122} \end{bmatrix} = \begin{bmatrix} x & 0 \\ 0 & x \end{bmatrix} \begin{bmatrix} DP_{121} \\ DP_{122} \end{bmatrix}, \quad [A_{12}] = \begin{bmatrix} x & 0 \\ 0 & x \end{bmatrix}$$

针对 $FR_{13}$（测井臂测量井径）功能进行分解，如表 3-11 所示为 $FR_{13}$（测井臂测量井径）功能分解及参数映射。

表 3-11 $FR_{13}$（测井臂测量井径）功能分解及参数映射

| 功能描述 | | 参数描述 | |
|---|---|---|---|
| $FR_{131}$ | 提供动力 | $DP_{131}$ | 步进电动机选型 |
| $FR_{132}$ | 传递扭矩 | $DP_{132}$ | 联轴器设计 |
| $FR_{133}$ | 改变运动方向 | $DP_{133}$ | 丝杆螺母设计 |
| $FR_{134}$ | 连接传感器底座和螺母 | $DP_{134}$ | 上下推杆设计 |
| $FR_{135}$ | 放置传感器 | $DP_{135}$ | 传感器底座设计 |

其中，$FR_{131}$、$FR_{132}$、$FR_{133}$、$FR_{134}$ 和 $FR_{135}$ 彼此独立，产生了满足独立公理的对角线矩阵$[A_{13}]$，$FR_{13}$ 映射过程的设计矩阵如表 3-12 所示。

表 3-12　$FR_{13}$ 映射过程的设计矩阵

| FR | DP | | | | |
|---|---|---|---|---|---|
| | $DP_{131}$ | $DP_{132}$ | $DP_{133}$ | $DP_{134}$ | $DP_{135}$ |
| $FR_{131}$ | x | 0 | 0 | 0 | 0 |
| $FR_{132}$ | 0 | x | 0 | 0 | 0 |
| $FR_{133}$ | 0 | 0 | x | 0 | 0 |
| $FR_{134}$ | 0 | 0 | 0 | x | 0 |
| $FR_{135}$ | 0 | 0 | 0 | 0 | x |

其中，$FR_s$ 与 $DP_s$ 的映射关系及相应设计矩阵 $[A_{13}]$ 如下所示。

$$\begin{bmatrix} FR_{131} \\ FR_{132} \\ FR_{133} \\ FR_{134} \\ FR_{135} \end{bmatrix} = \begin{bmatrix} x & 0 & 0 & 0 & 0 \\ 0 & x & 0 & 0 & 0 \\ 0 & 0 & x & 0 & 0 \\ 0 & 0 & 0 & x & 0 \\ 0 & 0 & 0 & 0 & x \end{bmatrix} \begin{bmatrix} DP_{131} \\ DP_{132} \\ DP_{133} \\ DP_{134} \\ DP_{135} \end{bmatrix}, \quad [A_{13}] = \begin{bmatrix} x & 0 & 0 & 0 & 0 \\ 0 & x & 0 & 0 & 0 \\ 0 & 0 & x & 0 & 0 \\ 0 & 0 & 0 & x & 0 \\ 0 & 0 & 0 & 0 & x \end{bmatrix}$$

针对 $FR_{14}$（防护固定测井臂）功能进行分解，如表 3-13 所示为 $FR_{14}$（防护固定测井臂）功能分解及参数映射。

表 3-13　$FR_{14}$（防护固定测井臂）功能分解及参数映射

| | 功能描述 | | 参数描述 |
|---|---|---|---|
| $FR_{141}$ | 保护测井臂 | $DP_{141}$ | 外壳体设计 |
| $FR_{142}$ | 提供测井臂的伸缩路径 | $DP_{142}$ | 缺口设计 |
| $FR_{143}$ | 避免泥沙冲刷 | $DP_{143}$ | 下堵头设计 |
| $FR_{144}$ | 防止发生碰撞 | $DP_{144}$ | 上护帽设计 |
| $FR_{145}$ | 固定电动机 | $DP_{145}$ | 电动机底座设计 |
| $FR_{146}$ | 固定推杆 | $DP_{146}$ | 推杆固定座设计 |

其中，$FR_{141}$、$FR_{142}$、$FR_{143}$、$FR_{144}$、$FR_{145}$ 和 $FR_{146}$ 彼此独立，产生了满足独立公理的对角线矩阵 $[A_{14}]$，$FR_{14}$ 映射过程的设计矩阵如表 3-14 所示。

表 3-14　$FR_{14}$ 映射过程的设计矩阵

| FR | DP | | | | | |
|---|---|---|---|---|---|---|
| | $DP_{141}$ | $DP_{142}$ | $DP_{143}$ | $DP_{144}$ | $DP_{145}$ | $DP_{146}$ |
| $FR_{141}$ | $x$ | 0 | 0 | 0 | 0 | 0 |
| $FR_{142}$ | 0 | $x$ | 0 | 0 | 0 | 0 |
| $FR_{143}$ | 0 | 0 | $x$ | 0 | 0 | 0 |
| $FR_{144}$ | 0 | 0 | 0 | $x$ | 0 | 0 |
| $FR_{145}$ | 0 | 0 | 0 | 0 | $x$ | 0 |
| $FR_{146}$ | 0 | 0 | 0 | 0 | 0 | $x$ |

其中，$FR_s$ 与 $DP_s$ 的映射关系及相应设计矩阵 $[A_{14}]$ 如下所示。

$$\begin{bmatrix} FR_{141} \\ FR_{142} \\ FR_{143} \\ FR_{144} \\ FR_{145} \\ FR_{146} \end{bmatrix} = \begin{bmatrix} x & 0 & 0 & 0 & 0 & 0 \\ 0 & x & 0 & 0 & 0 & 0 \\ 0 & 0 & x & 0 & 0 & 0 \\ 0 & 0 & 0 & x & 0 & 0 \\ 0 & 0 & 0 & 0 & x & 0 \\ 0 & 0 & 0 & 0 & 0 & x \end{bmatrix} \begin{bmatrix} DP_{141} \\ DP_{142} \\ DP_{143} \\ DP_{144} \\ DP_{145} \\ DP_{146} \end{bmatrix}, \quad [A_{14}] = \begin{bmatrix} x & 0 & 0 & 0 & 0 & 0 \\ 0 & x & 0 & 0 & 0 & 0 \\ 0 & 0 & x & 0 & 0 & 0 \\ 0 & 0 & 0 & x & 0 & 0 \\ 0 & 0 & 0 & 0 & x & 0 \\ 0 & 0 & 0 & 0 & 0 & x \end{bmatrix}$$

针对 $FR_{22}$（满足机械强度要求）功能进行分解，如表 3-15 所示为 $FR_{22}$（满足机械强度要求）功能分解及参数映射。

表 3-15　$FR_{22}$（满足机械强度要求）功能分解及参数映射

| | 功能描述 | | 参数描述 |
|---|---|---|---|
| $FR_{221}$ | 满足材料最大变形量 | $DP_{221}$ | 确定最大变形量 |
| $FR_{222}$ | 满足材料屈服强度 | $DP_{232}$ | 确定最大应力值 |

其中 $FR_{221}$ 和 $FR_{222}$ 彼此独立，产生了满足独立公理的对角线矩阵 $[A_{22}]$，$FR_{22}$ 映射过程的设计矩阵如表 3-16 所示。

表 3-16　$FR_{22}$ 映射过程的设计矩阵

| FR | DP | |
|---|---|---|
| | $DP_{221}$ | $DP_{222}$ |
| $FR_{221}$ | $x$ | 0 |
| $FR_{222}$ | 0 | $x$ |

其中，$FR_s$ 与 $DP_s$ 的映射关系及相应设计矩阵 $[A_{22}]$ 如下所示。

$$\begin{bmatrix} FR_{221} \\ FR_{222} \end{bmatrix} = \begin{bmatrix} x & 0 \\ 0 & x \end{bmatrix} \begin{bmatrix} DP_{221} \\ DP_{222} \end{bmatrix}, \quad [A_{22}] = \begin{bmatrix} x & 0 \\ 0 & x \end{bmatrix}$$

针对 $FR_{23}$（满足运动学要求）功能进行分解，如表3-17所示为 $FR_{23}$（满足运动学要求）功能分解及参数映射。

表3-17 $FR_{23}$（满足运动学要求）功能分解及参数映射

| 功能描述 | | 参数描述 | |
| --- | --- | --- | --- |
| $FR_{231}$ | 实现测量运动状态 | $DP_{231}$ | 确定自由度 |
| $FR_{232}$ | 平稳传动 | $DP_{232}$ | 确定运动螺母的位移和速度 |
| $FR_{233}$ | 平稳测量 | $DP_{233}$ | 确定传感器底座的位移和速度 |

其中，$FR_{231}$、$FR_{232}$ 和 $FR_{233}$ 彼此独立，产生了满足独立公理的对角线矩阵 $[A_{23}]$，$FR_{23}$ 映射过程的设计矩阵如表3-18所示。

表3-18 $FR_{23}$ 映射过程的设计矩阵

| FR | DP | | |
| --- | --- | --- | --- |
| | $DP_{231}$ | $DP_{232}$ | $DP_{233}$ |
| $FR_{231}$ | x | 0 | 0 |
| $FR_{232}$ | 0 | x | 0 |
| $FR_{233}$ | 0 | 0 | x |

其中，$FR_s$ 与 $DP_s$ 的映射关系及相应设计矩阵 $[A_{23}]$ 如下所示。

$$\begin{bmatrix} FR_{231} \\ FR_{232} \\ FR_{233} \end{bmatrix} = \begin{bmatrix} x & 0 & 0 \\ 0 & x & 0 \\ 0 & 0 & x \end{bmatrix} \begin{bmatrix} DP_{231} \\ DP_{232} \\ DP_{233} \end{bmatrix}, \quad [A_{23}] = \begin{bmatrix} x & 0 & 0 \\ 0 & x & 0 \\ 0 & 0 & x \end{bmatrix}$$

分析前三级功能要求和设计参数之间的关系，可以看出，各级设计矩阵是下三角矩阵或对角矩阵，因此该井径测量仪结构设计是一个符合公理设计的解耦合关系的设计，尤其是第三层分解的设计矩阵都为对角线矩阵，符合独立公理设计要求，所以这是可行的设计方案。

### 3.2.2 测井仪设计过程的公理化建模

基于公理设计理论的仿生式测井仪设计在功能域和物理域中反复迭代以分解 $FR_s$ 和 $DP_s$，并生成 $FR_s$ 和 $DP_s$ 的层次结构，如图3-4所示。最终分解结果为22个叶功能需求及其对应的设计参数。由各个层次的设计矩阵描述的功能需求和设计参数间的关系得到一个 $22 \times 22$ 的最终设计矩阵，如表 3-19 所示。最终设计矩阵是一个下三角矩阵，因此本章的仿生式测井仪设计是一个解耦设计，满足独立公理。

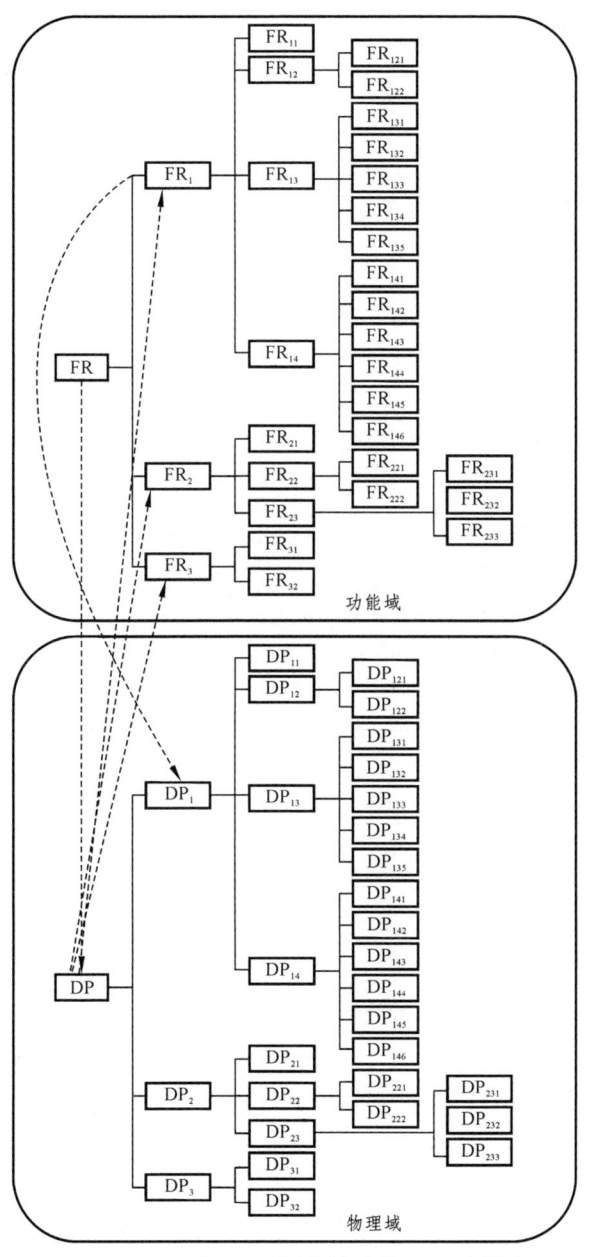

图 3-4　$FR_s$ 和 $DP_s$ 的映射迭代及层次结构

表 3-19　整体设计矩阵

| FR | DP | | | | | | | | | | | | | | | | | | | | | |
|---|---|---|---|---|---|---|---|---|---|---|---|---|---|---|---|---|---|---|---|---|---|---|
| | $DP_{11}$ | $DP_{121}$ | $DP_{122}$ | $DP_{131}$ | $DP_{132}$ | $DP_{133}$ | $DP_{134}$ | $DP_{135}$ | $DP_{141}$ | $DP_{142}$ | $DP_{143}$ | $DP_{144}$ | $DP_{145}$ | $DP_{146}$ | $DP_{21}$ | $DP_{221}$ | $DP_{222}$ | $DP_{231}$ | $DP_{232}$ | $DP_{233}$ | $DP_{31}$ | $DP_{32}$ |
| $FR_{11}$ | x | | | | | | | | | | | | | | | | | | | | | |
| $FR_{121}$ | x | x | | | | | | | | | | | | | | | | | | | | |
| $FR_{122}$ | x | | x | | | | | | | | | | | | | | | | | | | |
| $FR_{131}$ | x | | | x | | | | | | | | | | | | | | | | | | |
| $FR_{132}$ | x | | | | x | | | | | | | | | | | | | | | | | |
| $FR_{133}$ | x | | | | | x | | | | | | | | | | | | | | | | |
| $FR_{134}$ | x | | | | | | x | | | | | | | | | | | | | | | |
| $FR_{135}$ | x | | | | | | | x | | | | | | | | | | | | | | |
| $FR_{141}$ | x | | | x | x | x | x | x | | | | | | | | | | | | | | |
| $FR_{142}$ | x | | | x | x | x | x | | | x | | | | | | | | | | | | |
| $FR_{143}$ | x | | | x | x | x | x | | | | x | | | | | | | | | | | |
| $FR_{144}$ | x | | | x | x | x | x | | | | | x | | | | | | | | | | |
| $FR_{145}$ | x | | | x | x | x | x | | | | | | x | | | | | | | | | |
| $FR_{146}$ | x | | | x | x | x | x | | | | | | | x | | | | | | | | |
| $FR_{21}$ | x | x | x | x | x | x | x | x | x | | | | | | x | | | | | | | |
| $FR_{221}$ | x | x | x | x | x | x | x | x | x | | | | | | | x | | | | | | |
| $FR_{222}$ | x | x | x | x | x | x | x | x | x | | | | | | | | x | | | | | |
| $FR_{231}$ | x | x | x | x | x | x | x | x | x | | | | | | | | | x | | | | |
| $FR_{232}$ | x | x | x | x | x | x | x | x | x | | | | | | | | | | x | | | |
| $FR_{233}$ | x | x | x | x | x | x | x | x | x | | | | | | | | | | | x | | |
| $FR_{31}$ | | | | | | | | | | | | | | | | | | | | | x | |
| $FR_{32}$ | | | | | | | | | | | | | | | | | | | | | | x |

通过对图 3-4 和表 3-19 的分析，可以得到如图 3-5 所示的仿生式测井仪公理化设计流程图。在图 3-5 中，Ⓢ 是和节点，表示模块之间为无耦合设计，设计时不必考虑先后顺序；Ⓒ 是控制节点，表示模块之间为解耦设计，设计时必须按照设计矩阵建议的次序来控制。

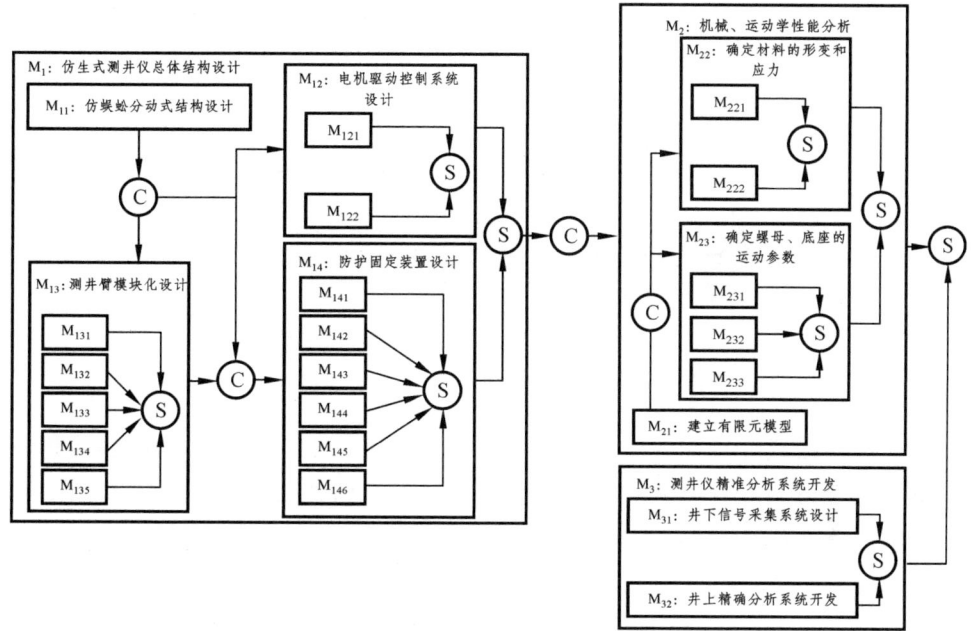

图 3-5　仿生式测井仪公理化设计流程

## 3.3　仿生式测井仪结构设计方案实现

本节效仿生物优点进行机械结构的创新设计，为仿生式测井仪结构的具体设计。根据仿生式测井仪结构设计方案公理化建模，本部分为设计功能 $FR_1$ 的具体实现（$DP_s$），对应设计流程中的 $M_1$ 模块。

### 3.3.1　总体结构方案设计

为实现机械式井径测井仪测量精度更高、故障率更低、工作效率更高和使用寿命更长的目的，结合蜈蚣的运动特点，设计出一种仿蜈蚣式井径测井仪。采用分动并联式的设计方法，改进测井臂伸缩方式，提高测量精度；采用模块化设计，按需求调整测井臂组数，提升测井时效。仿蜈蚣式井径测井仪由电机驱动控制系统、测井臂模块和防护固定装置组成。电机驱动控制系统通过丝杆与测井臂模块相连，并组装在外壳体上。利用三维建模软件对仿蜈蚣式井径测井仪的构件进行三维建模和虚拟装配。仿蜈蚣式井径测井仪整体结构如图3-6所示。

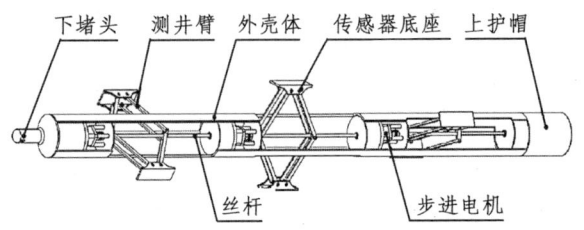

图 3-6　仿蜈蚣式井径测井仪整体结构

在仿蜈蚣式井径测井仪的结构中，主要部件为多组测井臂、传感器和外壳体，每一组测井臂结构、功能完全相同，其余常规部件采用标准件，使结构具有高度互换性。在满足正常功能的前提下，提高测井仪现场适用性，节约维修成本。

测井仪在井下主要有测井仪测井臂打开状态和测井仪测井臂收缩状态。开始测量时，使用钢丝绳将测井仪下放到待测位置，下放的过程中，将井径测井仪调整为收缩状态，电机始终处于未工作的状态。下放至所需要测量的位置时，相对应的驱动器驱动步进电机开始工作，步进电机带动丝杠转动，丝杠上的螺纹使底端推杆固定座向顶端推杆固定座方向移动，从而测井臂可通过外壳体表面的缺口伸展出来，测井臂继续运动，直到传感器底座触碰到套管内壁时，限位开关接收到信号并将信号发送给控制器，控制器将信号发送给驱动器，驱动器控制电机停止工作，开始记录数据并将数据传送至地面数据分析控制系统。在该位置测量完毕后，控制器发出信号给驱动器，驱动器控制步进电机反转，测井臂收缩，在底端推杆固定座下降至底部，触碰到底端限位开关时，限位开关将信号反馈给控制器，控制器控制步进电机停止工作，测井仪回到初始时的收缩状态。同理，如需再次进行测量，只需要将测井仪上提或下放到需要测量的下一个位置，重复以上动作，再次记录数据。如不需要再次进行测量，只需要将测井仪上提至初始位置，测井完毕。

## 3.3.2 测井臂模块化设计

本次设计中，单组测井臂模块包括一对相互呈 180°的测井臂，这一对测井臂总是以相反的方向运动，每一组测井臂按相互呈 120°设置。测井臂主要由步进电机、联轴器、丝杠、推杆、传感器固定座等组成一组完整的运动系统。每一组测井臂模块的功能、结构以及工作原理都是一样的，任意两组独立测井臂之间都可以进行互换，满足机构互换性原则，所以只需要设计其中一个测井臂的结构。本部分对应公理设计第二次层的 $FR_{13}$。

对测井臂模块各个部件进行三维建模，如图 3-7～图 3-11 所示为各部件的模型图，图 3-12 所示为测井臂结构三维模型装配图。

图 3-7 传感器底座

图 3-8 丝杆

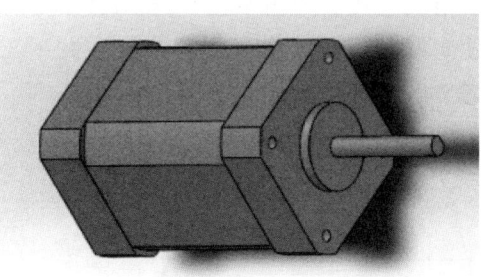

图 3-9 步进电机

图 3-10 运动螺母

图 3-11 上下推杆

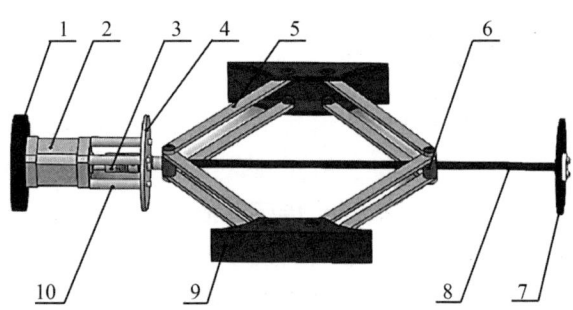

1—步进电机底座；2—步进电机；3—联轴器；4—丝杆上封板；5—推杆；
6—推杆固定座；7—丝杆底座；8—丝杆；9—传感器底座；10—固定管。

图 3-12 测井臂结构三维模型装配图

### 3.3.3 防护固定装置设计

防护固定装置设计如图 3-13 所示。该防护固定装置主要由外壳体、上护帽以及下堵头三部分组成。表面光滑的外壳体表面设置有若干缺口，每一对缺口互成 180°，每一组缺口相对互成 120°设置。有几组独立的测井臂便设置几组与之相对应的缺口，缺口的空间位置的角度设置和前面所述测井臂角度设置一样。该缺口可供测井臂从壳体内部向外伸展并向内收缩，从而避免了测井仪在下放和上提时机体与管壁发生碰撞而发生损坏，也避免了泥沙的冲刷、腐蚀。另一方面，在测井仪的测井臂处于收缩状态时，由于体积减小，在套管内运动时的阻力也减小。从强度角度考虑，测井仪外壳采用 TC11 材料，该材料有强度高、耐高温和力学性能好的优点，提高了测井仪在井下工作时的稳定性。本部分对应公理设计第二次层的 $FR_{14}$。

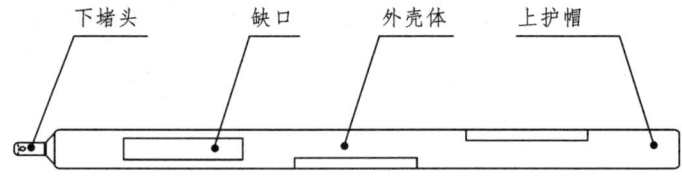

图 3-13 防护固定装置设计

### 3.3.4 测井仪整体装配模型

测井仪采用模块化设计和分动并联式设计，同时在安装使用上实现了模块

# 第 3 章 新型仿生测井仪结构设计

互换性设计，用户可以增加测井臂的数量，求得更精确的数据。测井仪主要设计了三个测井臂模块，模块之间互为 120°，装配的难点在于测井臂可以自由伸缩于缺口，而不与缺口发生摩擦。测井仪整体结构三维模型如图 3-14 所示。

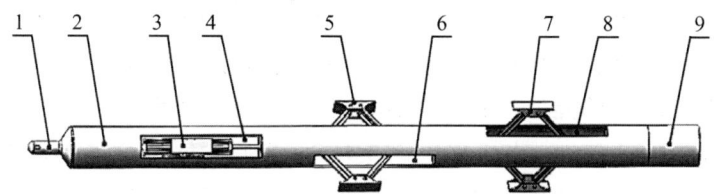

1—下堵头；2—外壳体；3—第一测井臂；4—第一缺口；5—第二测井臂；
6—第二缺口；7—第三测井臂；8—第三缺口；9—上护帽。

图 3-14 测井仪整体结构三维模型

## 3.4 机械、运动学性能分析

经过第三节的测井仪结构设计，测井仪的基本功能得到保障，要想测井仪适用的范围更广，尤其是一些复杂、恶劣的石油井下环境，必须保证其平稳运行和精确测量，本节主要对测井臂模块和外壳体进行有限元分析和运动学仿真。基于第二节所建立的井径测井仪的功能结构分解表，本节对应公理设计功能 $FR_2$ 的具体实现（$DP_2$），对应设计流程中的 $M_2$ 模块。

### 3.4.1 基于有限元仿真的机械强度分析

**1. 建立有限元模型**

将已建立好的三维模型导入有限元软件之中，进行有限元模型建立。设置外壳体的材料属性，考虑到刚性需求，优先选用 TC11 作为外壳体的材料；考虑到耐磨性需求，优先选用 ZGMn13 作为测井臂的材料。TC11 材料参数如表 3-20 所示，ZGMn13 材料参数如表 3-21 所示。

表 3-20 TC11 材料参数

| 材料 | 密度/(kg/m³) | 弹性模量/GPa | 泊松比 | 屈服强度/MPa | 体积模量/MPa |
|---|---|---|---|---|---|
| TC11 | 4 480 | 121 | 0.375 | 825 | 161 |

表 3-21　ZGMn13 材料参数

| 材料 | 密度/（kg/m³） | 弹性模量/GPa | 泊松比 | 屈服强度/MPa | 体积模量/MPa |
|---|---|---|---|---|---|
| ZGMn13 | 7 980 | 175 | 0.3 | 366 | 146 |

外壳体材料设置完成后，对其进行网格划分，在网格尺寸设置中将网格单元设置为四面体单元，细化外壳体网格，全局划分为 2 mm 网格，生产的网格单元数为 161 804，节点数为 314 456。测井臂网格全局划分为 2 mm 网格，生产的网格单元数为 102 381，节点数为 263 347。对生成的网格进行质量评估，采用正交质量评估，网格质量符合要求。

2. 施加约束与载荷

约束与载荷根据测井仪在实际工作状况下的受载状况进行施加。选择外壳体的下堵头和上护帽为圆柱面约束，外表面施加径向方向的压力，大小为 10 MPa，如图 3-15 所示。选择测井臂的丝杆底座为平面约束，在两传感器底座上施加垂直于底座平面的力，大小为 10 MPa，如图 3-16 所示。

图 3-15　外壳体施加约束与载荷

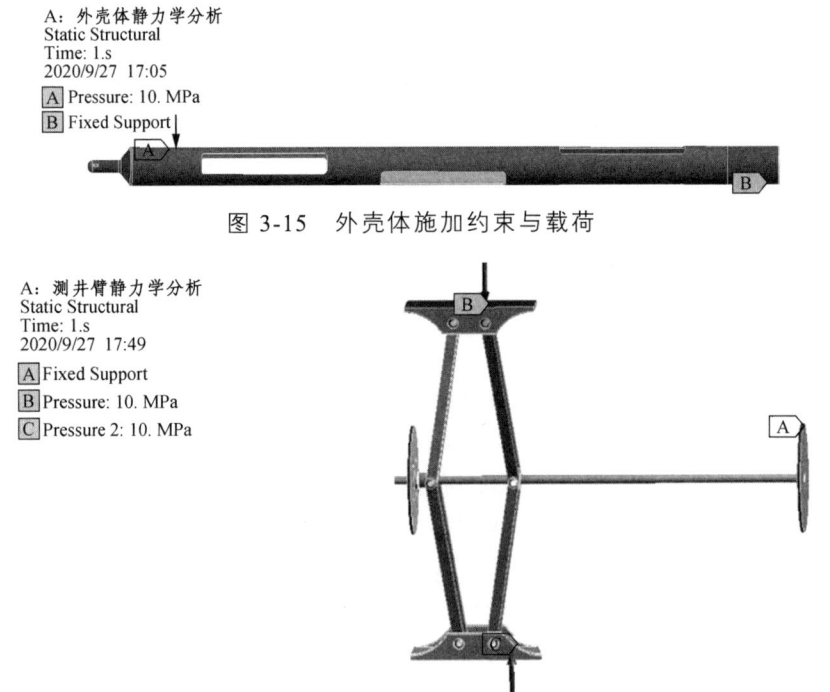

图 3-16　测井臂施加约束与载荷

## 3. 结果后处理

在有限元静力学分析中，选择后处理为总变形处理模块，系统会根据分析模型的计算条件，计算出 $x$、$y$、$z$ 方向的变形量，由下列公式得出总变形量。

$$U_{\text{total}} = \sqrt{U_x^2 + U_y^2 + U_z^2} \tag{3-1}$$

通过运算求解，得出外壳体总变形云图如图 3-17 所示，测井臂总变形云图如图 3-18 所示。外壳体的变形最大位置是缺口处，最大变形量为 1.407 7 mm；测井臂的变形最大位置是传感器底座靠近丝杆底座的下端处，最大变形量为 1.513 8 mm。受力情况良好，在合理的变形内。

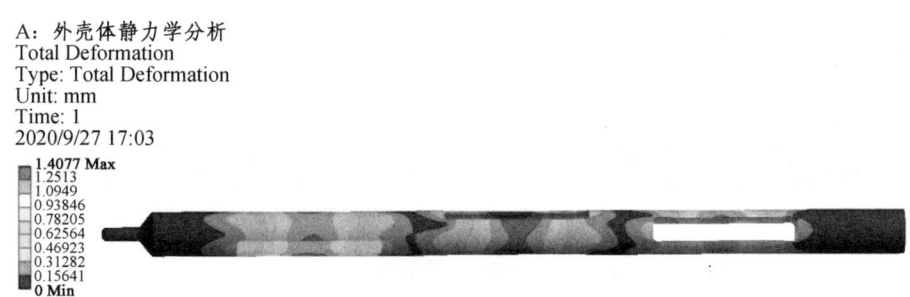

图 3-17　外壳体总变形云图

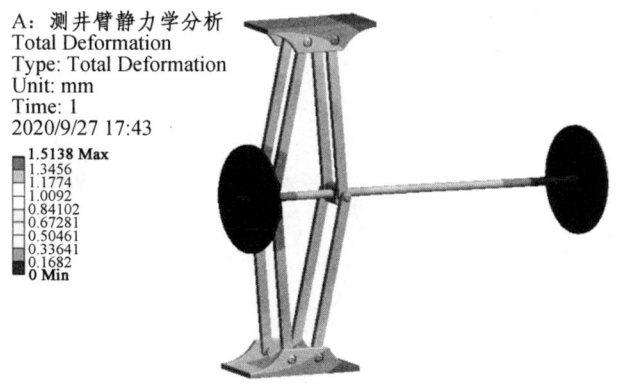

图 3-18　测井臂总变形云图

根据第四强度理论,其等效应力计算公式如下式所示。

$$\delta_e = \sqrt{\frac{1}{2}[(\delta_1-\delta_2)^2+(\delta_2-\delta_3)^2+(\delta_3-\delta_1)^2]} \quad (3\text{-}2)$$

通过运算求解,得出外壳体等效应力云图如图 3-19 所示,测井臂等效应力云图如图 3-20 所示。由分析结果可知,外壳体的最大应力位置是缺口直角处,最大应力为 289.79 MPa,外壳体的最大等效应力远小于材料的屈服强度 825 MPa。测井臂的最大应力位置是丝杆中段及其与丝杆底座的连接处,最大应力为 277.12 MPa,测井臂的最大等效应力远小于材料的屈服强度 366 MPa。

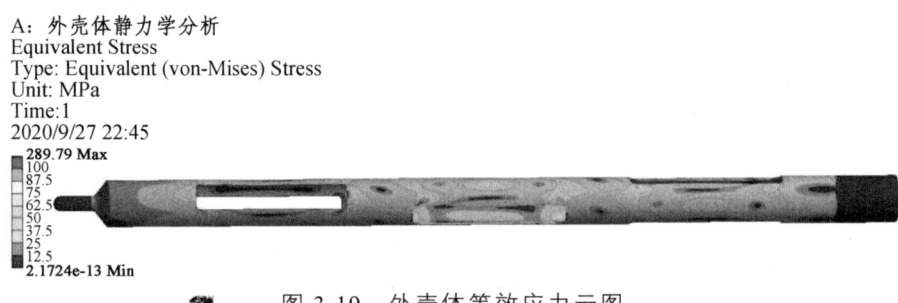

图 3-19　外壳体等效应力云图

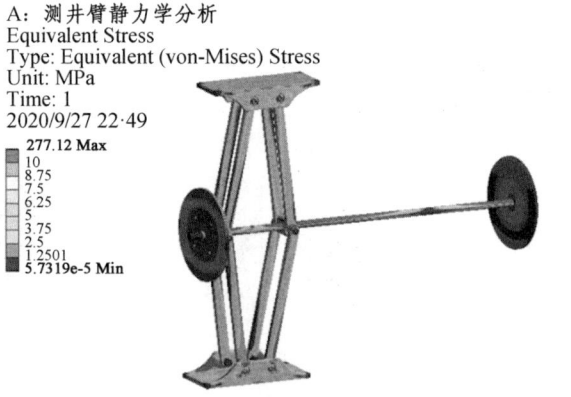

图 3-20　测井臂等效应力云图

通过有限元静力学分析,对设计的结构施加实际工况下的作用力,得到受力总变形云图和等效应力云图,分析结果表明所设计的结构合理,强度安全可靠,刚度足够,满足设计需求。

### 3.4.2 运动学性能分析

**1. 自由度计算**

为了保证该测井仪具有确定的运动,需计算测井仪的自由度,由图 3-21 测井臂运动简图可知,此系统具有 5 个活动构件,6 个低副,1 个高副,故机构的自由度计算如下:

$$F = 3 \times n - (2 \times p_l + p_h) \quad (3-3)$$

式中:$n$ 为杆件数,$p_l$ 为低副,$p_h$ 为高副。

$$F = 3 \times 5 - (2 \times 6 + 1) = 2$$

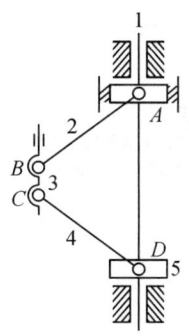

1—丝杆;2—推杆;3—传感器固定座;4—推杆;5—螺母块。

图 3-21 测井臂运动简图

由机械原理可知,当机构的自由度数目大于系统的原动件数目,则该机构的运动会完全不确定。但是,本次设计的测井仪有两种运动状态,即打开运动状态和测量运动状态,由于传感器固定座只会以竖直的姿态向径向运动,而且不会进行转动,因此对传感器固定座竖直姿态的约束相当于一个低副,所以,打开运动状态的自由度计算如下:

$$F = 3 \times 5 - (2 \times 7) = 1$$

测量过程中,电机停止运动,丝杆也停止转动,测井仪的活动构件变为了 4 个，5 个低副，1 个高副，因此，测量运动状态的自由度计算如下：

$$F = 3 \times 4 - (2 \times 5 + 1) = 1$$

综上所述，该分动式井径测井仪在两种状态下都有确定的运动。

## 2. 运动学仿真

### 1）前处理阶段

测井臂简化模型如图 3-22 所示。仿真建模过程中不可避免地对各种复杂元素进行简化处理，其终极目标是不降低仿真精度，还提升仿真效率。因此，只需研究丝杆、运动螺母、推杆、传感器底座等主要运动零部件。

图 3-22 测井臂简化模型

（1）定义运动体。将已建立的简化三维模型导入仿真软件中。需要对导入的每个零部件进行编辑，定义其材料、质量、转动惯量等相关属性，从而使得虚拟样机与实际物理样机具有相同或者是相近的物理特性，以便更好地模拟实际系统。

（2）定义运动副。对模型定义约束及驱动。在有相对回转运动的位置需要定义旋转约束，在有相对平移运动的位置需要定义滑移约束，在丝杆与运动螺母的连接处需要定义螺杆约束和垂直约束以模拟螺纹传动方式，其他没有相对运动的零件均定义为固定约束。

（3）定义接触力。在丝杆与运动螺母接触位置、推杆与运动螺母的连接处、传感器底座与推杆的连接处定义接触力，采用冲击函数法来计算接触力，选择的接触类型为固体-固体。如图 3-23 所示为前处理后的测井臂模型。

第 3 章 新型仿生测井仪结构设计

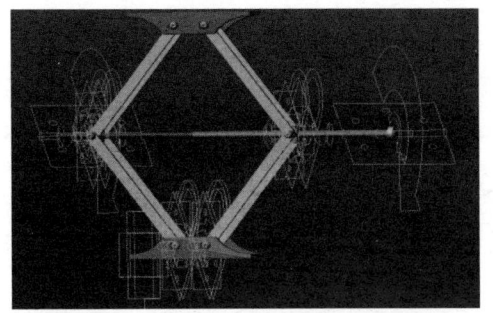

图 3-23 前处理后的测井臂模型

2) 运动求解

为了验证测井仪系统运动的有效性和可靠性，在测井臂丝杆的旋转副上定义驱动函数为：Function=$3\,000.0 \times d \times \sin(\text{time})$。在此驱动函数的驱动下，设置仿真时间为 $t=5$ s，step=100 进行仿真，点击确定即开始对运动方案进行求解。利用"标记"和"追踪"命令标记运动螺母及传感器底座末端，即可绘制出其位移、速度曲线。

3) 结果分析及后处理

在后处理窗口，查看运动螺母的位移-时间和速度-时间图像，如图 3-24 和图 3-25 所示。查看传感器底座的位移-时间、速度-时间图像，如图 3-26 和图 3-27 所示。

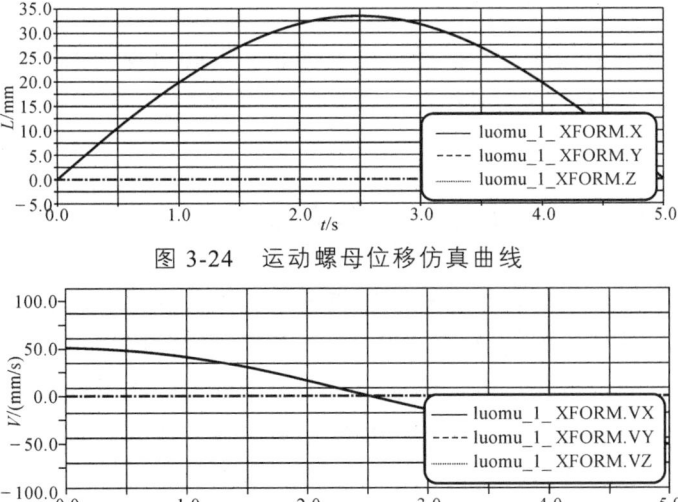

图 3-24 运动螺母位移仿真曲线

图 3-25 运动螺母速度仿真曲线

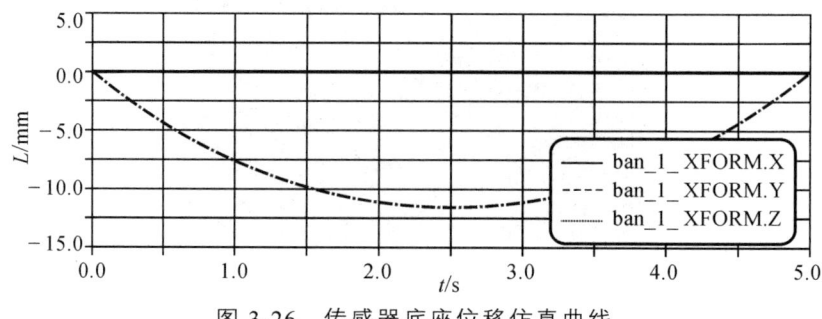

图 3-26 传感器底座位移仿真曲线

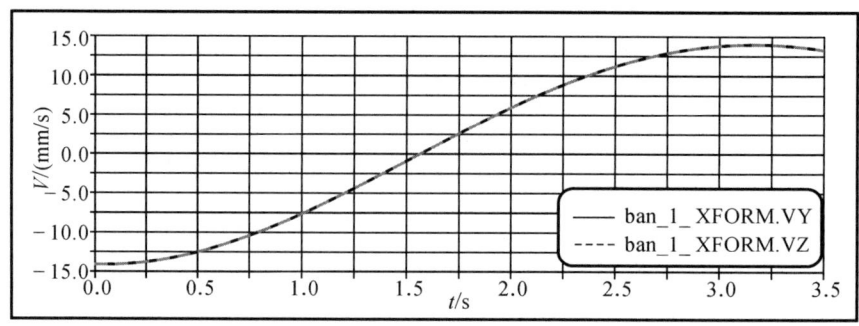

图 3-27 传感器底座速度仿真曲线

由运动螺母位移-速度曲线图和传感器位移-速度曲线图可知，当步进电机驱动丝杆螺母，同时带动推杆及传感器底座运动时，位移和速度平稳变化，表明在此过程中零部件传动平稳，平稳受力，没有出现较大加速度，缓和速度冲击，验证了设计的合理性及符合实际工作的要求。

## 3.5 测井仪精准分析系统开发

数据的分析与处理在整个系统中也占据着重要地位，只有通过合适的数据分析方法，得到正确的分析结果，才能对工程实际问题提出合理的建议。传感器将井下的信号通过电缆传输到地面数据处理控制系统，通过精准分析系统进行计算可以得到精确的测量数据。根据物理数学方法多次进行计算，设计了一款高效、经济、精准的数据精准分析系统。基于第 2 节所建立的井径测井仪的公理设计功能结构分解表，本节对应公理设计功能 $FR_3$ 的具体实

第 3 章 新型仿生测井仪结构设计　　073

现（$DP_3$），对应设计流程中的 $M_3$ 模块。

### 3.5.1　井下信号采集系统设计

井下信号采集系统主要为井上分析系统提供原始测量数据，通过传感器以及各种所需的计数器和计数器进行数据采集并上传到处理器中进行分析计算处理，因而可以完全实现自动化智能控制，提高了测试的准确性以及快速性。井下信号采集系统主要进行传感器、脉冲频率计算器和时间计数器的设计和应用，设计出耐高温和耐高压、符合井下运行环境的传感器，提高其井下运行时间。仿蜈蚣式测井仪井下信号采集系统设计如图 3-28 所示。

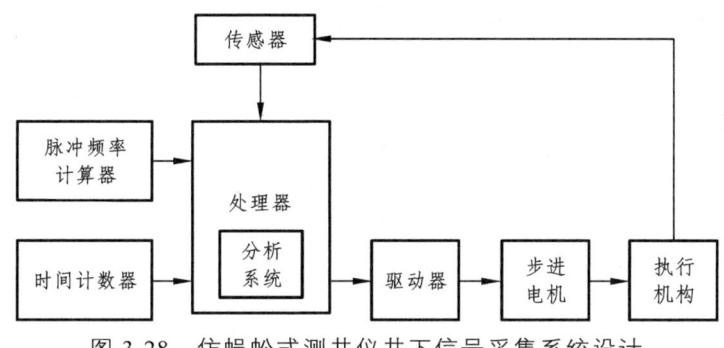

图 3-28　仿蜈蚣式测井仪井下信号采集系统设计

### 3.5.2　井上精确分析系统开发

结合井下信号采集系统收集的原始测量数据，在编程软件中开发一款具有精准分析数据功能的软件系统。仿蜈蚣式井径测井仪精准分析系统主要根据传输脉冲频率和运行时间，计算出所测量的直径。首先由传感器、脉冲频率计算器和时间计数器开始采集步进电机脉冲频率以及运行时间，将采集到的数据上传到控制器，输入仿蜈蚣式井径测井仪精准分析系统界面相对应的命令框中，软件开始分析计算井径，将计算的数据记录下来。如图 3-29 所示为精准分析系统流程图。

软件系统开发包括菜单栏开发和操作执行窗口开发，主要设置有步进电机脉冲频率、运行时间、步进角、测量、清除、测得井径直径（mm）等功能命令。如图 3-30 所示为测井仪精准分析系统编程界面设计。

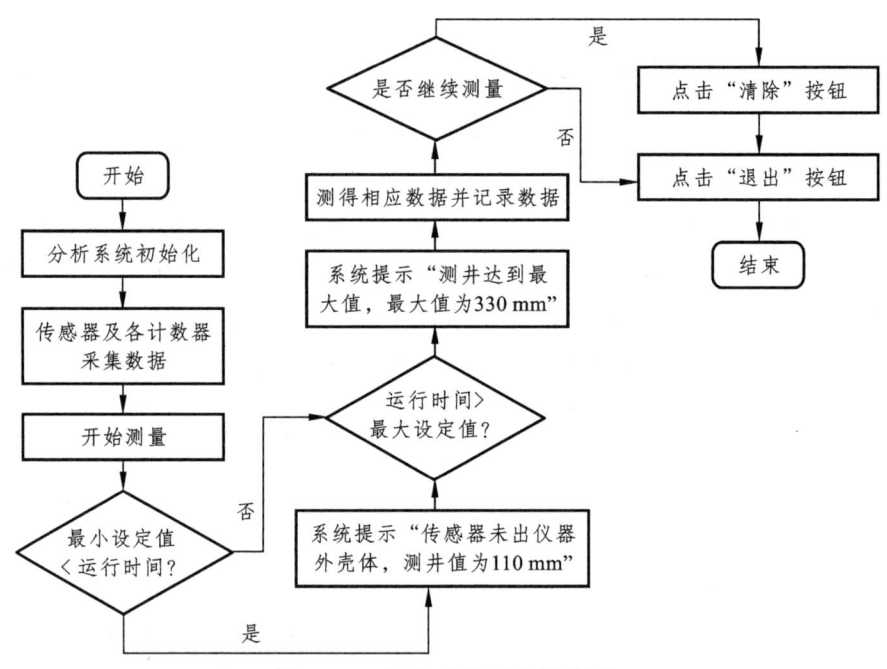

图 3-29 精准分析系统流程图

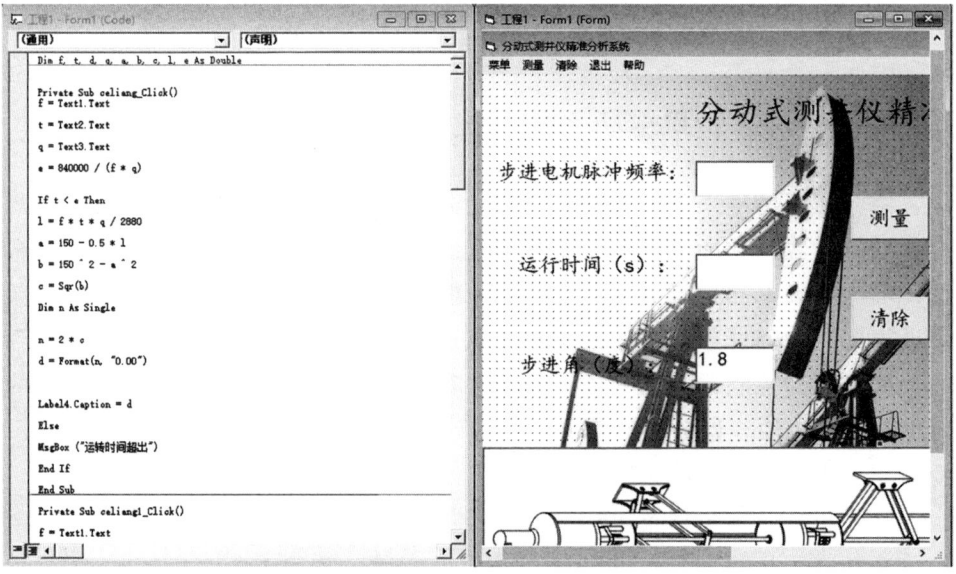

图 3-30 测井仪精准分析系统编程界面设计

## 第 3 章 新型仿生测井仪结构设计

根据以上测井仪精准分析系统计算所得数据，测试结果如图 3-31 所示。

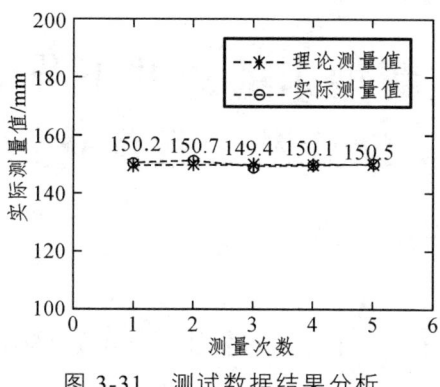

图 3-31　测试数据结果分析

通过改变控制步进电机的脉冲频率以及相应的运行时间的不同，测得多组不同的井径数据，对测得的数据进行分析可知，测量值始终在理论标准值上下波动，但是波动幅度非常小。初始理论标准值为 150 mm，由测得的五组实验数据清楚地反映出，测得的井径直径误差大小在 ±1 mm 范围之内，理论标准值和实际测量值两者之间的差值很小，表明所设计的仿生结构测井仪测量精度满足要求。

# 第 4 章 新型卡爪式井下节流器机构设计及参数优化

## 4.1 新型卡爪式井下节流器创新结构的提出

井下节流技术是以实现天然气节流降压为目的，该技术被广泛运用于各大气田之中。井下节流器是实现节流降压过程中的关键部件，其结构与类型较多，主要分为固定型与活动型两种，下面对两种类型的井下节流器分别进行概述。

通常固定式节流器的代表是预置式节流器，如图 4-1 所示。活动式节流器的代表是卡瓦式节流器，如图 4-2 所示。前者通常是通过使用投放工具将井下节流器往井内进行下放，工作时，节流器能够到达所期望的位置，实现坐封。解封时，节流器的投放工具会在钢丝绳连接串的作用下被打捞起来。后者下放时利用钢丝绳将装置下放至设计深度后，上提钢丝绳，锥形解锁轴在上移中撑开卡瓦，随后快速上拉剪断销钉，在弹簧和气流压力差值的作用之下，胶筒将会紧密地贴在油管内壁处实现装置的密封功能。装置需被打捞时，打捞工具抓住打捞头后上提钢丝绳，胶筒、卡瓦进行回缩，实现装置打捞。

图 4-1 预置式节流器

图 4-2 卡瓦式节流器

## 第4章 新型卡爪式井下节流器机构设计及参数优化

常用的天然气井下节流器采用带齿的锥形卡瓦进行工作，但在实际生产应用过程中，常会出现节流器打捞失败，因卡瓦装置失效而导致的节流器打捞失败原因几乎占到一半，如图 4-3 所示为节流器打捞失败原因数据统计。造成打捞失败的现场图，如图 4-4、4-5 所示。

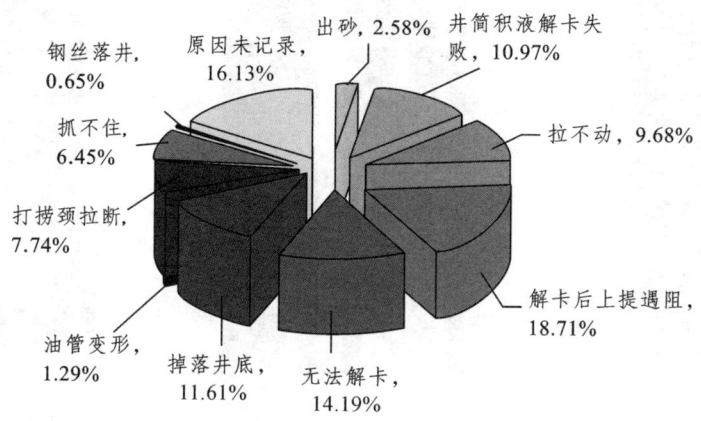

图 4-3 节流器打捞失败原因数据统计

图 4-4 打捞颈拉断

图 4-5 压井后取出节流器

对现有井下工具的锚定方式进行分析，井下工具主要有以下三种锚定方式：预置式节流器通过锁块装置进行锚定、卡瓦式节流器通过卡瓦装置进行锚定、柱塞式坐落器通过卡爪装置进行锚定，如图 4-6～图 4-8 所示。

集成以上三种井下工具的各自优点，本节提出了一种新型卡爪式井下节流器结构，研发思路如图 4-9 所示：即预置式节流器可实现节流器投放工作时丢手作业前任意提放；柱塞式坐落器中的卡爪机构可使卡爪卡于油管接箍间隙槽实现易解卡；卡瓦式节流器可在密封过程中实现坐封位置灵活。

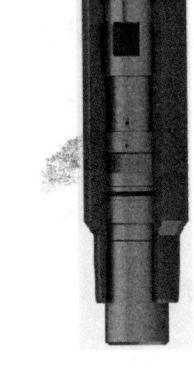
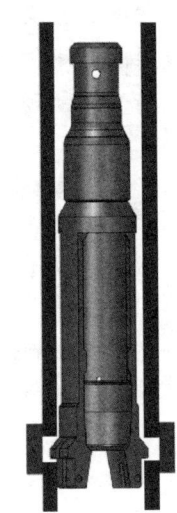

图 4-6　预置式节流器锚定结构　　图 4-7　卡瓦式节流器锚定结构　　图 4-8　柱塞式坐落器锚定结构

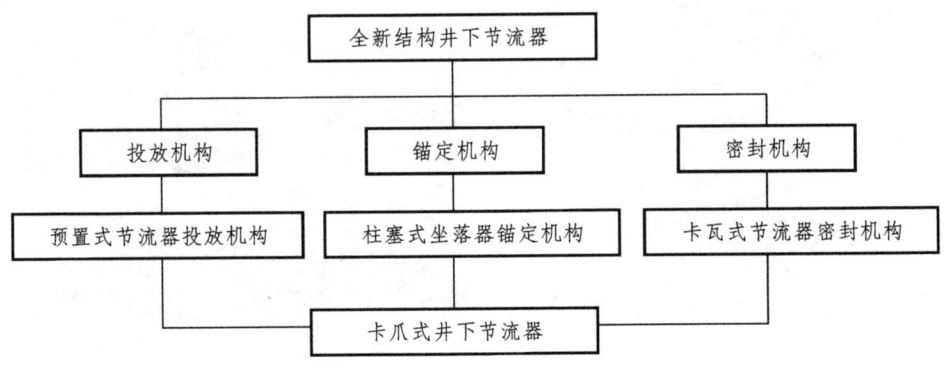

图 4-9　卡爪式井下节流器研发思路

所提出的新型卡爪式井下节流器利用丢手管压缩卡爪进行投放，利用油管接箍对井下节流器进行卡定，利用卡爪卡在油管的接箍之间完成坐封，利用打捞颈完成解卡，使得卡爪不再受力，收缩后完成打捞工作。对比其他节流器有诸多优点，具体如下：

（1）可以实现丢手作业前井筒内任意提放。

（2）实际生产中卡瓦式井下节流器会出现咬死油管的问题，会产生难以解卡的问题。卡爪式井下节流器能够很好地避免这样的情况发生。

（3）其他类型的节流器存在着解卡过程复杂的问题，会导致在解封过程中不易解封。而卡爪式井下节流器在解封的过程中容易解封。

（4）卡爪式井下节流器在打捞过程中有着张力较小的特点，因此在打捞时相比其他节流器更为容易。

（5）此装置在打捞时对打捞工艺的需求比较小，钢丝作业一趟完成打捞。因此，在实际的生产运用过程中，会降低实际过程中对人力、物力、财力的需求。最主要的是能够降低生产中的安全隐患，有利于生产中的生产管理。

通过上述分析，可以明确卡爪式井下节流器的功能需求为：

（1）装置投放速度更小（卡爪-丢手管接触应力减小）。

（2）装置可满足卡定要求。

（3）装置打捞力更小（卡爪-油管接箍接触应力减小）。

（4）卡爪作为此新型装置的核心与创新部件，需要进行其工作的性能分析与结构优化。

## 4.2 卡爪式井下节流器设计方案的公理化建模

上一节提出了卡爪式井下节流器的四个功能设计需求，根据这些设计需求，将公理设计理论与方法引入卡爪式节流器的设计方案中，进行公理化建模。公理设计对产品设计方案表达提供了三种建模方法，以下将围绕本章所设计的卡爪式井下节流器，分别进行设计矩阵、功能结构图、流程图的建立，对其设计功能、设计结构、设计性能进行公理化建模及分析。

### 4.2.1 节流器设计方案的公理化表征

**1. 设计功能与设计结构（参数）的第一层分解**

首先确定卡爪式井下节流器总的功能需求，以此建立最高层 $FR_s$ 并进行 $DP_s$ 映射。由上一节中对于卡爪式节流器设计需求的划分可知，总的功能需求包括装置投放速度更小（卡爪-丢手管接触应力减小）、装置可满足卡定要求、装置打捞力更小（卡爪-油管接箍接触应力减小）。根据公理设计思想，通过"Z"字形映射分解，对总功能需求 FR 进行分解。第一层功能需求为装置满足投放速度更小要求、装置满足卡定要求、装置满足打捞力更小要求、工作性能满足要求 4 项。

第一层功能需求分解及参数映射如表 4-1 所示。

表 4-1　第一层功能需求分解及参数映射

| 功能需求域 | 功能描述 | 设计参数域 | 参数描述 |
| --- | --- | --- | --- |
| $FR_1$ | 装置满足投放速度更小要求 | $DP_1$ | 投放机构 |
| $FR_2$ | 装置满足卡定要求 | $DP_2$ | 卡定机构 |
| $FR_3$ | 装置满足打捞力更小要求 | $DP_3$ | 打捞机构 |
| $FR_4$ | 工作性能满足要求 | $DP_4$ | 静力学分析及优化 |

由于在 $FR_1$、$FR_2$、$FR_3$、$FR_4$ 进行时彼此独立，互不影响，因此产生了符合独立公理设计的对角矩阵 $[A_1]$ 和 $[B_1]$。

第一层映射过程的设计矩阵如表 4-2 所示，通过设计矩阵可得到 $FR_s$、$DP_s$ 间的映射关系及相应的设计矩阵。

表 4-2　第一层映射过程的设计矩阵

| FR | DP | | | |
| --- | --- | --- | --- | --- |
| | $DP_1$ | $DP_2$ | $DP_3$ | $DP_4$ |
| $FR_1$ | x | 0 | 0 | 0 |
| $FR_2$ | 0 | x | 0 | 0 |
| $FR_3$ | 0 | 0 | x | 0 |
| $FR_4$ | 0 | 0 | 0 | x |

其中，$FR_s$ 与 $DP_s$ 的映射关系及相应设计矩阵 $[A_1]$ 如下所示：

$$\begin{bmatrix} FR_1 \\ FR_2 \\ FR_3 \\ FR_4 \end{bmatrix} = \begin{bmatrix} x & 0 & 0 & 0 \\ 0 & x & 0 & 0 \\ 0 & 0 & x & 0 \\ 0 & 0 & 0 & x \end{bmatrix} \begin{bmatrix} DP_1 \\ DP_2 \\ DP_3 \\ DP_4 \end{bmatrix}, \quad [A_1] = \begin{bmatrix} x & 0 & 0 & 0 \\ 0 & x & 0 & 0 \\ 0 & 0 & x & 0 \\ 0 & 0 & 0 & x \end{bmatrix}$$

## 第4章 新型卡爪式井下节流器机构设计及参数优化

其中，$DP_s$ 与 $PV_s$ 的映射关系及相应设计矩阵 $[B_1]$ 如下所示：

$$\begin{bmatrix} DP_1 \\ DP_2 \\ DP_3 \\ DP_4 \end{bmatrix} = \begin{bmatrix} x & 0 & 0 & 0 \\ 0 & x & 0 & 0 \\ 0 & 0 & x & 0 \\ 0 & 0 & 0 & x \end{bmatrix} \begin{bmatrix} PV_1 \\ PV_2 \\ PV_3 \\ PV_4 \end{bmatrix}, \quad [B_1] = \begin{bmatrix} x & 0 & 0 & 0 \\ 0 & x & 0 & 0 \\ 0 & 0 & x & 0 \\ 0 & 0 & 0 & x \end{bmatrix}$$

**2. 设计功能与设计结构（参数）的第二层分解**

经过第一层分解，将总的设计功能分解为 $FR_1$：装置投放速度更小（卡爪-丢手管接触应力减小）；$FR_2$：装置满足卡定要求；$FR_3$：装置打捞力更小（卡爪-油管接箍接触应力减小）；$FR_4$：工作性能满足要求等四个设计功能，本节针对第一层分解得到的各设计功能进行第二层分解，如表 4-3~表 4-6 所示。

表 4-3　$FR_1$ 功能分解及参数映射

| | 功能描述 | | 参数描述 |
|---|---|---|---|
| $FR_{11}$ | 丢手管压缩卡爪 | $DP_{11}$ | 丢手管-卡爪机构设计 |
| $FR_{12}$ | 满足纵向不发生位移（卡定） | $DP_{12}$ | 卡爪机构设计 |

表 4-4　$FR_2$ 功能分解及参数映射

| | 功能描述 | | 参数描述 |
|---|---|---|---|
| $FR_{21}$ | 实现坐封功能 | $DP_{21}$ | 卡爪与坐落爪套结构设计 |
| $FR_{22}$ | 实现锁紧功能 | $DP_{22}$ | 密封胶筒结构设计 |
| $FR_{23}$ | 实现解封功能 | $DP_{23}$ | 解封轴结构设计 |

表 4-5　$FR_3$ 分解及参数映射

| | 功能描述 | | 参数描述 |
|---|---|---|---|
| $FR_{31}$ | 打捞颈上移卡爪解锁 | $DP_{31}$ | 打捞颈-卡爪机构设计 |
| $FR_{32}$ | 节流器通过油管接箍 | $DP_{32}$ | 卡爪-油管接箍机构设计 |

表 4-6 第二层映射过程的设计矩阵

| FR | DP | | | | | | |
|---|---|---|---|---|---|---|---|
| | $DP_{11}$ | $DP_{12}$ | $DP_{21}$ | $DP_{22}$ | $DP_{23}$ | $DP_{31}$ | $DP_{32}$ |
| $FR_{11}$ | $x$ | 0 | 0 | 0 | 0 | 0 | 0 |
| $FR_{12}$ | 0 | $x$ | 0 | 0 | 0 | 0 | 0 |
| $FR_{21}$ | 0 | 0 | $x$ | 0 | 0 | 0 | 0 |
| $FR_{22}$ | 0 | 0 | 0 | $x$ | 0 | 0 | 0 |
| $FR_{23}$ | 0 | 0 | 0 | 0 | $x$ | 0 | 0 |
| $FR_{31}$ | 0 | 0 | 0 | 0 | 0 | $x$ | 0 |
| $FR_{32}$ | 0 | 0 | 0 | 0 | 0 | 0 | $x$ |

其中，$FR_s$ 与 $DP_s$ 的映射关系及相应设计矩阵 $[A_1]$、$[A_2]$ 如下所示：

$$\begin{bmatrix} FR_{11} \\ FR_{12} \end{bmatrix} = \begin{bmatrix} x & 0 \\ 0 & x \end{bmatrix} \begin{bmatrix} DP_{11} \\ DP_{12} \end{bmatrix}, \quad [A_1] = \begin{bmatrix} x & 0 \\ 0 & x \end{bmatrix}$$

$$\begin{bmatrix} FR_{21} \\ FR_{22} \\ FR_{23} \end{bmatrix} = \begin{bmatrix} x & 0 & 0 \\ 0 & x & 0 \\ 0 & 0 & x \end{bmatrix} \begin{bmatrix} DP_{21} \\ DP_{22} \\ DP_{23} \end{bmatrix}, \quad [A_2] = \begin{bmatrix} x & 0 & 0 \\ 0 & x & 0 \\ 0 & 0 & x \end{bmatrix}$$

$$\begin{bmatrix} FR_{31} \\ FR_{32} \end{bmatrix} = \begin{bmatrix} x & 0 \\ 0 & x \end{bmatrix} \begin{bmatrix} DP_{31} \\ DP_{32} \end{bmatrix}, \quad [A_3] = \begin{bmatrix} x & 0 \\ 0 & x \end{bmatrix}$$

### 3. 设计功能与设计结构（参数）的第三层分解

$FR_s$ 第三层分解是在考虑第二层设计参数的前提下，确定能够满足第二层设计参数的功能要求，再根据分解获得的功能要求确定设计参数。第三层 $FR_s$ 对第二层设计参数进行逐项分解，最后获得每一项具体的实施方法。对第二层各设计功能 $FR_{11}$：丢手管压缩卡爪；$FR_{21}$：实现坐封功能；$FR_{22}$：实现锁紧功能；$FR_{23}$：实现解封功能等进行第三层分解，如表 4-7～表 4-14 所示。

表 4-7 $FR_{11}$ 分解及参数映射

| 功能描述 | | 参数描述 | |
|---|---|---|---|
| $FR_{111}$ | 丢手作业提放 | $DP_{111}$ | 投放头结构 |
| $FR_{112}$ | 节流器投放指定位置 | $DP_{112}$ | 固定管结构 |

## 第 4 章 新型卡爪式井下节流器机构设计及参数优化

其中 $FR_{111}$、$FR_{112}$ 彼此独立，产生了满足独立公理的对角线矩阵 $[A_{11}]$，$FR_{11}$ 映射过程的设计矩阵如表 4-8 所示。

表 4-8 $FR_{11}$ 映射过程的设计矩阵

| FR | DP | |
|---|---|---|
| | $DP_{111}$ | $DP_{112}$ |
| $FR_{111}$ | x | 0 |
| $FR_{112}$ | 0 | x |

其中，$FR_s$ 与 $DP_s$ 的映射关系及相应设计矩阵 $[A_{11}]$ 如下所示：

$$\begin{bmatrix} FR_{111} \\ FR_{112} \end{bmatrix} = \begin{bmatrix} x & 0 \\ 0 & x \end{bmatrix} \begin{bmatrix} DP_{111} \\ DP_{112} \end{bmatrix} \quad [A_{11}] = \begin{bmatrix} x & 0 \\ 0 & x \end{bmatrix}$$

表 4-9 $FR_{21}$ 分解及参数映射

| | 功能描述 | | 参数描述 |
|---|---|---|---|
| $FR_{211}$ | 卡爪脱离卡套 | $DP_{211}$ | 卡爪、丢手管结构 |
| $FR_{212}$ | 满足坐封密封性 | $DP_{212}$ | 上下胶筒、密封隔环 |

表 4-10 $FR_{21}$ 映射过程的设计矩阵

| FR | DP | |
|---|---|---|
| | $DP_{211}$ | $DP_{212}$ |
| $FR_{211}$ | x | 0 |
| $FR_{212}$ | 0 | x |

其中，$FR_s$ 与 $DP_s$ 的映射关系及相应设计矩阵 $[A_{21}]$ 如下所示：

$$\begin{bmatrix} FR_{211} \\ FR_{212} \end{bmatrix} = \begin{bmatrix} x & 0 \\ 0 & x \end{bmatrix} \begin{bmatrix} DP_{211} \\ DP_{212} \end{bmatrix}, \quad [A_{21}] = \begin{bmatrix} x & 0 \\ 0 & x \end{bmatrix}$$

表 4-11 $FR_{22}$ 分解及参数映射

| | 功能描述 | | 参数描述 |
|---|---|---|---|
| $FR_{221}$ | 卡爪撑开 | $DP_{221}$ | 卡爪、卡爪压套 |
| $FR_{222}$ | 满足锁紧密闭性 | $DP_{222}$ | 坐封销钉、坐封锁爪 |

表 4-12　$FR_{22}$ 映射过程设计矩阵

| FR | DP | |
|---|---|---|
| | $DP_{221}$ | $DP_{222}$ |
| $FR_{221}$ | x | 0 |
| $FR_{222}$ | 0 | x |

其中，$FR_s$ 与 $DP_s$ 的映射关系及相应设计矩阵 $[A_{22}]$ 如下所示：

$$\begin{bmatrix} FR_{221} \\ FR_{222} \end{bmatrix} = \begin{bmatrix} x & 0 \\ 0 & x \end{bmatrix} \begin{bmatrix} DP_{221} \\ DP_{222} \end{bmatrix}, \quad [A_{22}] = \begin{bmatrix} x & 0 \\ 0 & x \end{bmatrix}$$

表 4-13　$FR_{23}$ 分解及参数映射

| 功能描述 | | 参数描述 | |
|---|---|---|---|
| $FR_{231}$ | 密封解除 | $DP_{231}$ | 解封轴结构 |
| $FR_{232}$ | 满足顺利上提 | $DP_{232}$ | 打捞颈结构 |

表 4-14　$FR_{23}$ 映射过程设计矩阵

| FR | DP | |
|---|---|---|
| | $DP_{231}$ | $DP_{232}$ |
| $FR_{231}$ | x | 0 |
| $FR_{232}$ | 0 | x |

其中，$FR_s$ 与 $DP_s$ 的映射关系及相应设计矩阵 $[A_{23}]$ 如下所示：

$$\begin{bmatrix} FR_{231} \\ FR_{232} \end{bmatrix} = \begin{bmatrix} x & 0 \\ 0 & x \end{bmatrix} \begin{bmatrix} DP_{231} \\ DP_{232} \end{bmatrix}, \quad [A_{23}] = \begin{bmatrix} x & 0 \\ 0 & x \end{bmatrix}$$

分析前三级功能要求和设计参数之间的关系，可以看出，各级设计矩阵是下三角矩阵或对角矩阵，因此该节流器结构设计是一个符合公理设计的解耦合关系设计，即通过公理设计划分的卡爪式井下节流器设计方案是合理的。

### 4.2.2　卡爪式井下节流器设计过程建模

前文中通过公理设计理论，得到了卡爪式井下节流器的设计方案，其中第一层分解得到了投放机构（$DP_1$）、卡定机构（$DP_2$）、打捞机构（$DP_3$）、静动性能分析（$DP_4$）这4个设计机构（参数），其中$FR_s$和$DP_s$的映射迭代及层次结构如图4-10所示。最终设计方案分解结果为13个叶，得到一个13×13的最终设计矩阵，如表4-15所示。最终设计矩阵是一个下三角矩阵，因此本章的卡爪式井下节流器设计是一个解耦设计，满足独立公理。

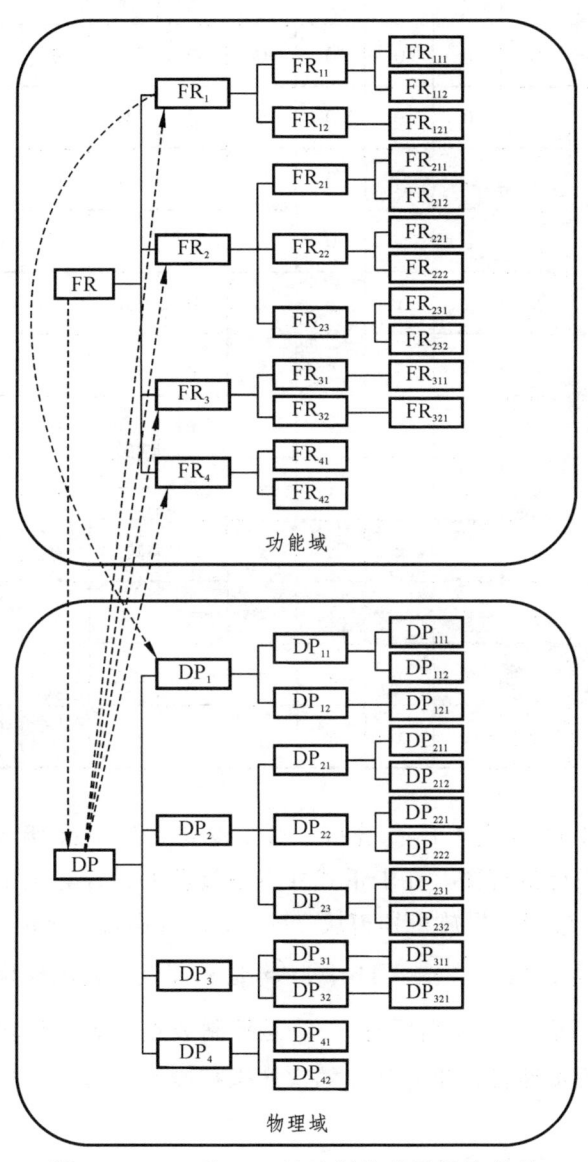

图 4-10　$FR_s$和$DP_s$的映射迭代及层次结构

表 4-15  整体设计矩阵

| FR | DP | | | | | | | | | | | | |
|---|---|---|---|---|---|---|---|---|---|---|---|---|---|
| | $DP_{111}$ | $DP_{112}$ | $DP_{121}$ | $DP_{211}$ | $DP_{212}$ | $DP_{221}$ | $DP_{222}$ | $DP_{231}$ | $DP_{232}$ | $DP_{311}$ | $DP_{321}$ | $DP_{41}$ | $DP_{42}$ |
| $FR_{111}$ | x | 0 | 0 | 0 | 0 | 0 | 0 | 0 | 0 | 0 | 0 | 0 | 0 |
| $FR_{112}$ | 0 | x | 0 | 0 | 0 | 0 | 0 | 0 | 0 | 0 | 0 | 0 | 0 |
| $FR_{121}$ | x | x | x | 0 | 0 | 0 | 0 | 0 | 0 | 0 | 0 | 0 | 0 |
| $FR_{211}$ | x | x | x | x | 0 | 0 | 0 | 0 | 0 | 0 | 0 | 0 | 0 |
| $FR_{212}$ | x | x | x | 0 | x | 0 | 0 | 0 | 0 | 0 | 0 | 0 | 0 |
| $FR_{221}$ | x | x | x | x | x | x | 0 | 0 | 0 | 0 | 0 | 0 | 0 |
| $FR_{222}$ | x | x | x | x | x | 0 | x | 0 | 0 | 0 | 0 | 0 | 0 |
| $FR_{231}$ | x | x | x | x | x | x | x | x | 0 | 0 | 0 | 0 | 0 |
| $FR_{232}$ | x | x | x | x | x | x | x | 0 | x | 0 | 0 | 0 | 0 |
| $FR_{311}$ | x | x | x | x | x | x | x | x | x | x | 0 | 0 | 0 |
| $FR_{321}$ | x | x | x | x | x | x | x | x | x | 0 | x | 0 | 0 |
| $FR_{41}$ | x | x | x | x | x | x | x | x | x | x | x | x | 0 |
| $FR_{42}$ | x | x | x | x | x | x | x | x | x | x | x | x | x |

通过对图 4-10 和表 4-15 的分析，可以得到如图 4-11 所示的卡爪式井下节流器公理化设计流程图。在卡爪式井下节流器的设计方案中，设计模型的 4 个模块（M）包括：投放机构模块 $M_1$、卡定机构模块 $M_2$、打捞机构模块 $M_3$、性能校核模块 $M_4$。在图 4-11 中，Ⓢ 是和节点，表示模块之间为无耦合设计，设计时不必考虑先后顺序；Ⓒ 是控制节点，表示模块之间为解耦设计，设计时必须按照设计矩阵建议的次序来控制。

第 4 章　新型卡爪式井下节流器机构设计及参数优化　　087

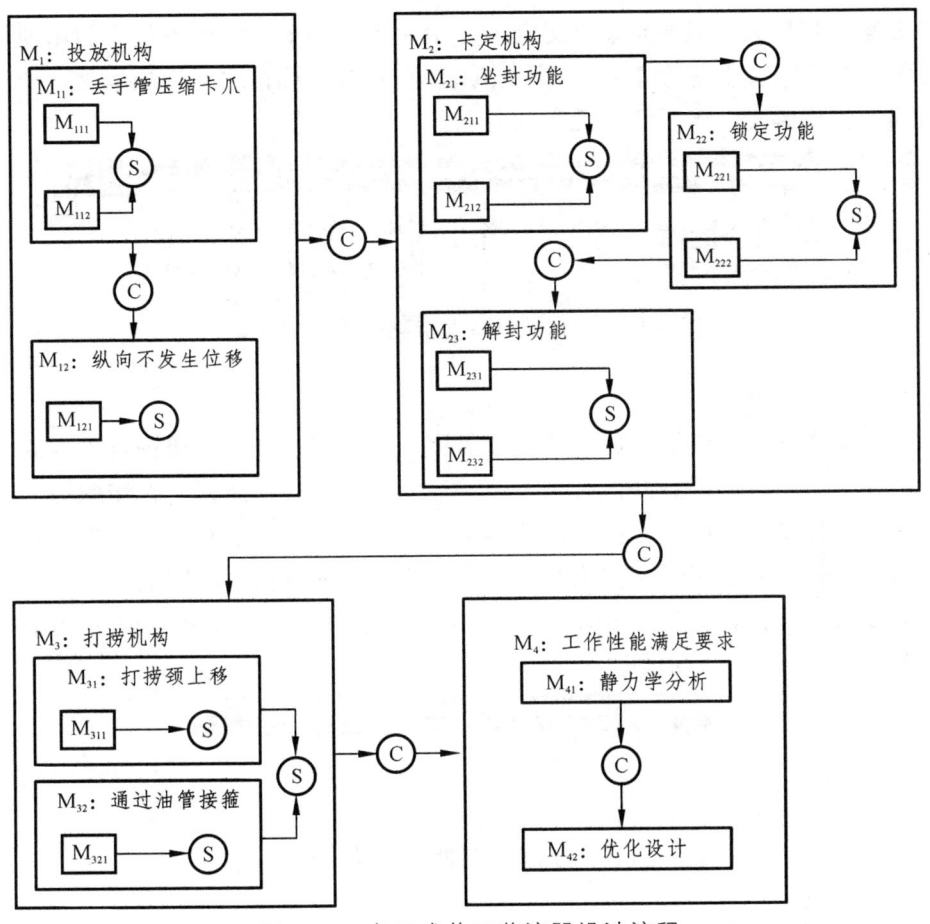

图 4-11　卡爪式井下节流器设计流程

## 4.3　卡爪式井下节流器结构设计方案实现

### 4.3.1　卡爪式井下节流器总体结构方案设计

根据上一节建立的公理化结构设计方案模型，卡爪式井下节流器结构部分可以按照 3 个模块分别进行设计，即投放机构模块 $M_1$、卡定机构模块 $M_2$、打捞机构模块 $M_3$，即卡爪式井下节流器的结构分为三个部分，分别为投放机构、卡定机构、打捞机构。如图 4-12 所示为建立的卡爪式井下节流器总体结构方案，其最大特点和创新之处是利用丢手管压缩卡爪进行投放，利用油管接箍对井下节流器进行卡定，利用卡爪卡在油管的接箍之间完成坐封，利用打捞颈完成解卡，卡爪不收缩后进行打捞。

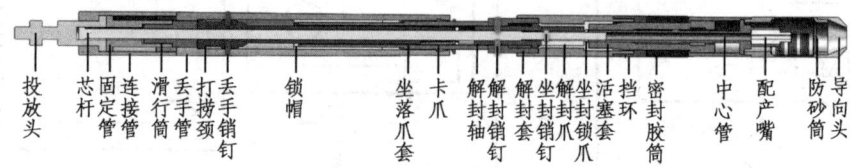

图 4-12　卡爪式井下节流器总体结构方案

1）投放过程

卡爪式井下节流器下放主要是依靠钢丝绳打捞工具串连接进行投放的过程。在下放的时候遇到井内直径稍小的油管，卡爪会弹出，与打捞颈的下表面紧贴，打捞颈会向下击打从而使得卡爪撑开。同时，卡套会将卡爪挤压使得卡爪向四周完全展开。在投放过程中，为了保证节流器能够准确、顺利地完成投放工作，钢丝绳连接串始终与投放头保持连接。如图 4-13 所示为卡爪式节流器投放状态示意图。

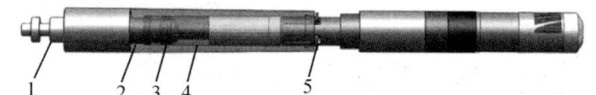

1—投放头；2—固定管；3—滑行筒；4—打捞颈；5—卡爪。

图 4-13　卡爪式节流器投放状态示意图

2）卡定过程

当井下节流器到达气井中准确的位置时，装置会紧急停止且产生向上的拉力。之后，卡爪迅速摆脱卡套，使得卡爪准确地卡在油管的接箍之内，然后向下击打节流器，卡爪被装置中的打捞颈支撑从而提供卡爪张开所需要的内部支撑力。与此同时，随着钢丝绳的上提，芯杆也会上移。紧接着，装置中的坐封锁爪因销钉被剪断从而完成解锁。最后，井内的高压气体会使装置中的密封胶筒紧紧地贴住油管表面，进而完成整个卡定过程。如图 4-14 所示为卡爪式节流器卡定状态示意图。

1—打捞颈；2—卡爪压套；3—卡爪；4—坐落爪套；5—密封胶筒。

图 4-14　卡爪式节流器卡定状态示意图

3）打捞过程

解封过程主要是运用钢丝绳串组连接打捞所需要的节流器打捞工具。将上述打捞工具投放于气井之中，使其与节流器的打捞颈紧密连接在一起。紧接着，快速进行上提，打捞颈也随之上移，卡爪便失去了力的支撑，使得卡爪收缩。随后卡爪一个接一个地通过油管接箍。而后打捞装置会将打捞颈上提，从而使密封胶筒上的零部件向上移动。最后，密封胶筒表面不再受力，装置解卡的过程就此完成。如图4-15所示为卡爪式节流器打捞状态示意图。

1—打捞颈；2—卡爪压套；3—卡爪；4—坐落爪套；5—密封胶筒。

图4-15 卡爪式节流器打捞状态示意图

所设计节流器装置的关键参数如下：

（1）装置总长 1 100 mm，最大外径 56 mm，适用于 $\phi$ 62 mm 油管之中，最高可承受 35 MPa 节流压差，可承受最高温度为 220 ℃。

（2）卡爪结构的主要结构参数为：卡爪杆长 $L$=100 mm、卡爪杆厚 $h$=2.5 mm、卡爪牙高 $H$ = 36 mm、卡爪成型角 $\theta$ = 30°以及卡爪斜面斜度为 45°。

（3）油管接箍尺寸由 API 标准确定，外径 88.90 mm，最小长度为 130.2 mm，与油管采用内部螺纹连接，与卡爪的接触面呈 45°。

### 4.3.2 投放机构设计

根据卡爪式井下节流器需要满足投放速度更小的要求（$FR_1$）的设计功能，它需要能够满足丢手管压缩卡爪要求（$FR_{11}$）、满足纵向不发生位移要求（$FR_{12}$）的具体功能，这部分即为投放机构（$DP_1$）的具体实现。

在卡爪式节流器进行投放工作中，投放头保证其顺利地放入气井内预期想要放置的位置。投放头需要同节流器的投放工具相互配合，投放的时候需要与固定管之间进行相连，这样便会保证井下节流器顺利下放。如图4-16所示为卡爪式节流器设计投放头的结构图；图4-17所示为卡爪式节流器设计固定管的结构图。

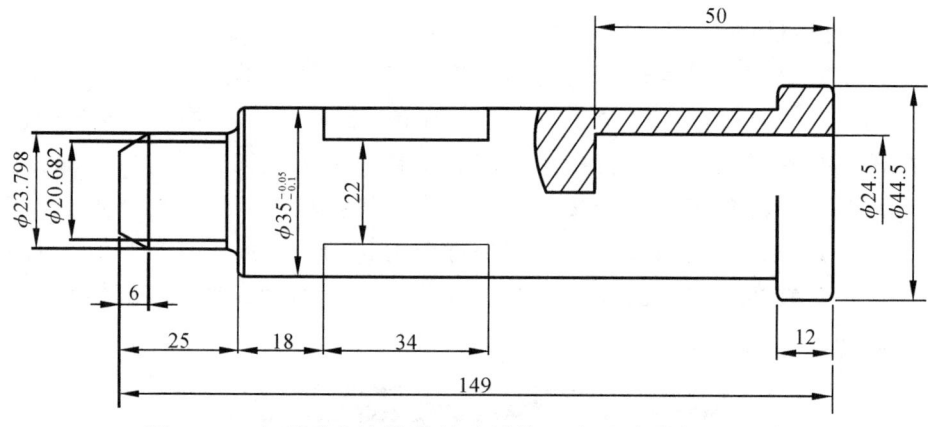

图 4-16　卡爪式节流器投放头结构示意图（单位：mm）

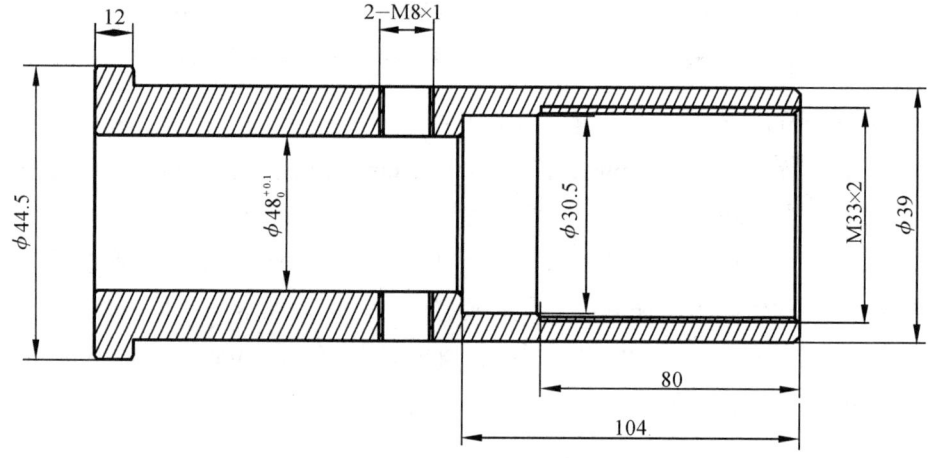

图 4-17　卡爪式节流器固定管结构示意图（单位：mm）

### 4.3.3　卡定机构设计

根据卡爪式井下节流器需要满足卡定要求（$FR_2$）的设计功能，它需要能够满足实现坐封功能要求（$FR_{21}$）、满足实现锁紧功能要求（$FR_{22}$）的具体功能，这部分即为卡定机构（$DP_2$）的具体实现。

卡爪作为本装置的核心与创新部件，相比其他类型节流器的卡定零件，卡爪有着不易损伤油管、在解封的过程中容易完成解封的优点。卡爪是实行卡定工作需要的零部件，它使得节流器坐封的时候更加稳定，保证了节流器的实用性。如图 4-18 和图 4-19 所示为本装置设计卡爪的结构图。

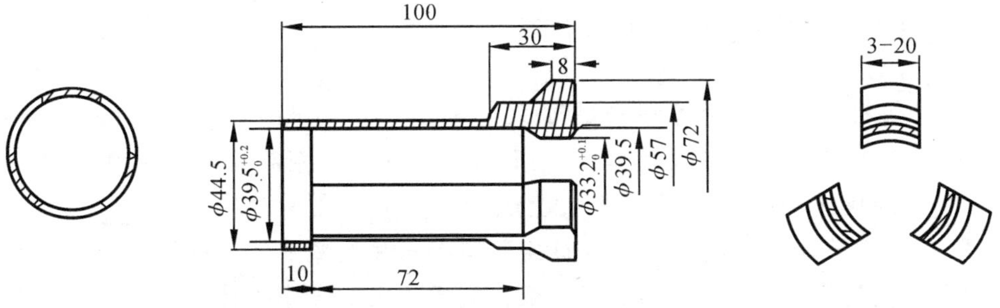

第 4 章　新型卡爪式井下节流器机构设计及参数优化　　091

图 4-18　卡爪结构示意图（单位：mm）

图 4-19　卡爪结构图

卡爪主要是从装置中的丢手管中释放。具体过程是：丢手管在卡爪式井下节流器释放时压缩卡爪。继续下降时，卡爪在运行过程中会将丢手管的丢手剪钉剪断，使得卡爪从丢手管中甩出，完成卡定工作。如图 4-20 所示为该节流器设计丢手管的结构图。

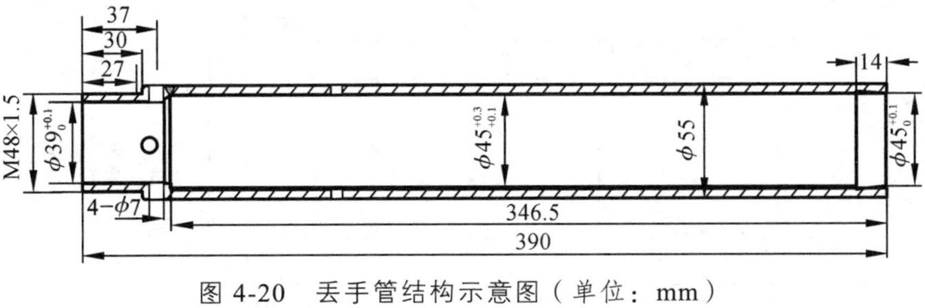

图 4-20　丢手管结构示意图（单位：mm）

### 4.3.4 打捞机构设计

根据卡爪式井下节流器满足打捞力更小要求（$FR_3$）的设计功能，它需要满足打捞颈上移卡爪解锁要求（$FR_{31}$）、满足节流器通过油管接箍要求（$FR_{32}$）的具体功能，这部分即为打捞机构（$DP_3$）的具体实现。

在进行节流器打捞工作时，打捞颈与卡爪相互紧靠。打捞颈与卡爪相互作用，打捞颈向下快速运动撑开卡爪，完成装置的卡定工作。并且打捞颈在打捞工作过程中发挥着巨大作用，打捞颈上移，卡爪失去支撑力，从而使得卡爪收缩，形成解卡。如图 4-21 所示为该节流器设计打捞颈的结构图。

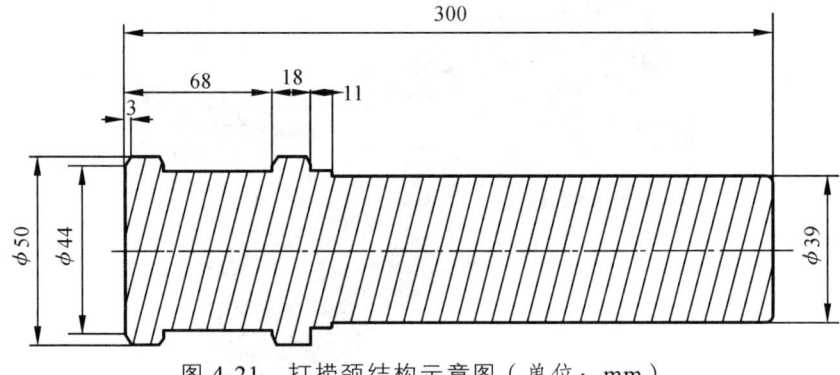

图 4-21　打捞颈结构示意图（单位：mm）

解封轴实现的是剪断与连接座的连接，同时实现解封时连接座的相对运动，进而在上提过程中实现节流器密封解除，最终完成节流器的打捞工作。如图 4-22 所示为该节流器设计解封轴的结构图。

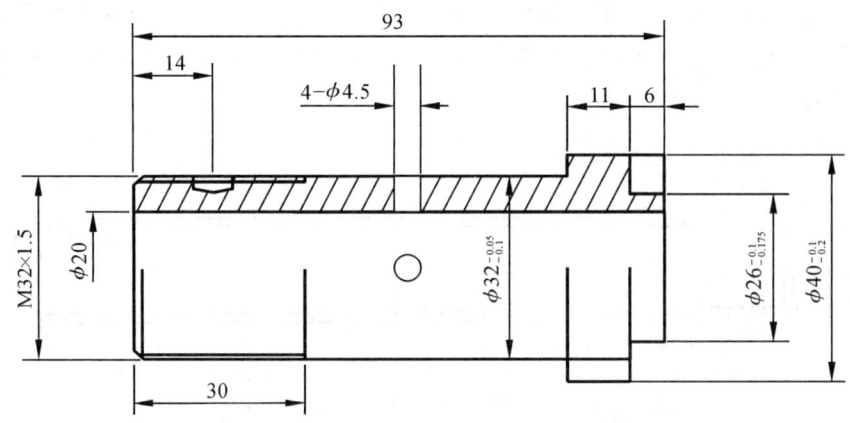

图 4-22　解封轴结构示意图（单位：mm）

## 4.4 卡爪式井下节流器静动性能分析

在完成新型节流器总体结构方案设计和关键机构设计的基础上,为保障节流器在井下工作的安全可靠($FR_4$),本节基于有限元方法进行节流器的静动特性知识获取,并进行结构参数优化设计,为节流器公理化设计过程关键环节($M_{41}$、$M_{42}$)提供支持。

### 4.4.1 基于有限元方法的静力学性能分析

#### 1. 投放状态卡爪-丢手管接触应力分析

投放时,为满足要求,卡爪被压缩于丢手管之内,压缩量为 8.25 mm,简化后的卡爪-丢手管有限元接触模型如图 4-23 所示。

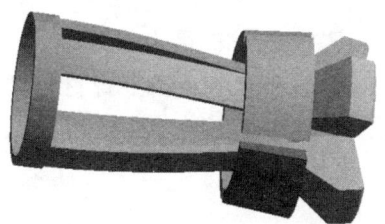

图 4-23　卡爪-丢手管接触模型

固定卡爪上表面,避免卡爪上表面发生位移,对丢手管外表面施加指向中心轴的环向位移约束,位移量为 8.25 mm,卡爪-丢手管间定义摩擦接触,采用增广拉格朗日接触算法,接触行为设置为对称接触,在给定温度条件下金属接触面摩擦系数取 0.15。给定参数下的投放状态接触应力有限元分析结果如图 4-24 所示。

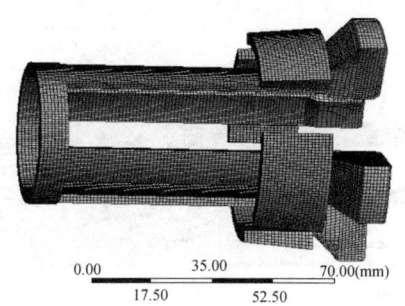

图 4-24　卡爪-丢手管有限元网格划分模型

在设计参数下（卡爪杆长 $L=100$ mm、卡爪杆厚 $h=2.5$ mm、卡爪牙高 $H=36$ mm、卡爪成型角 $\theta=30°$）的卡爪-丢手管接触应力有限元分析云图如图 4-25 所示。

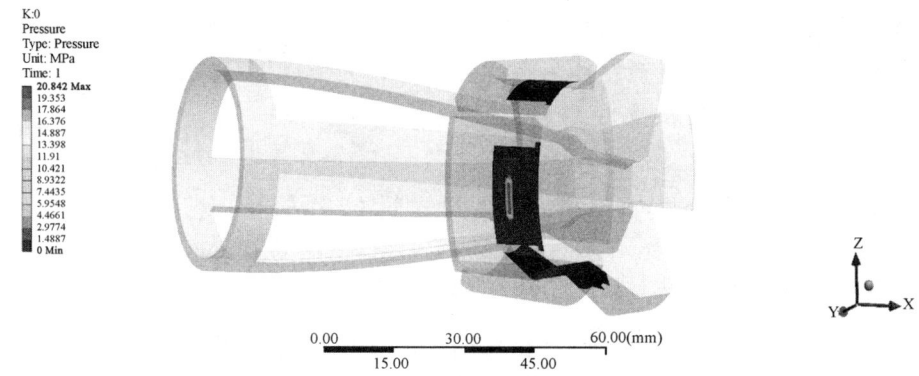

图 4-25　卡爪-丢手管接触应力有限元分析云图

由分析结果可知，装置投放时，最大接触应力（21 MPa）出现在卡爪-丢手管接触面的棱角处，远小于卡爪及丢手管材料抗拉强度，卡爪在丢手管的压缩下发生弹性形变，在卡爪脱离丢手管后恢复原状完成卡定，符合投放要求。

### 2. 卡定状态卡爪-油管接箍接触应力分析

卡定时，卡爪坐于坐落爪套之上，内部受打捞颈的支撑，斜面与油管接箍面面接触，坐落爪套下表面受到由于节流压差 25 MPa 产生的轴向载荷，确定工作时所受轴向载荷为 75 kN，结构组成及受力情况如图 4-26 所示，模型由卡爪+坐落爪套+打捞颈+油管接箍组成。

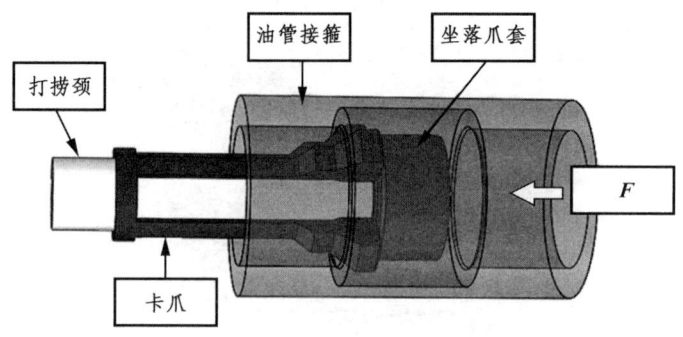

图 4-26　卡爪卡定阶段结构组成及受力模型

## 第4章 新型卡爪式井下节流器机构设计及参数优化

在给定设计参数下（卡爪杆长 $L$=100 mm、卡爪杆厚 $h$=2.5 mm、卡爪牙高 $H$=36 mm、卡爪成型角 $\theta$=30°），通过有限元分析对卡定状态下的卡爪-油管接箍、卡爪-坐落爪套、卡爪-打捞颈间最大接触应力进行分析，分析所得结果如图 4-27~图 4-29 所示。

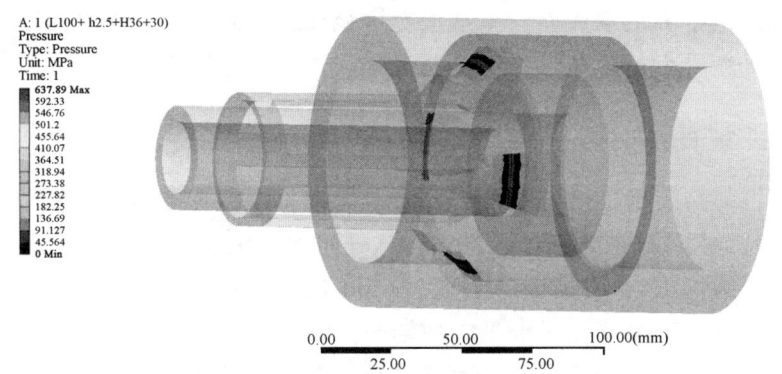

图 4-27　卡爪-油管接箍接触应力有限元分析云图

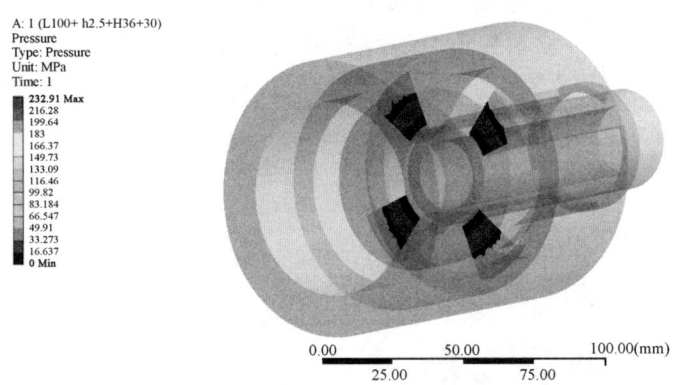

图 4-28　卡爪-坐落爪套接触应力有限元分析云图

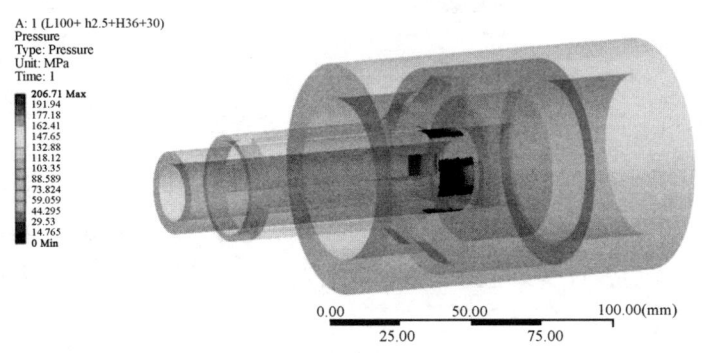

图 4-29　卡爪-打捞颈接触应力有限元分析云图

卡爪与油管接箍最大接触应力为 638 MPa，位于卡爪-油管接箍接触面上边角处，此时的接触应力大于油管接箍抗拉强度但未达到材料破坏强度。卡爪与油管接箍不会被损坏，但仍需优化；卡爪与打捞颈最大接触应力为 207 MPa，位于卡爪内表面与打捞颈接触部位。卡爪与坐落爪套最大接触应力为 233 MPa，位于卡爪下表面与坐落爪套接触部位。此时卡爪与打捞颈及坐落爪套间的接触应力远小于材料的抗拉强度。

### 3. 打捞状态卡爪-打捞颈接触应力分析

解封时，下打捞工具提出打捞颈，此时卡爪失去内部打捞颈的支撑，装置随钢丝绳上行，卡爪被油管接箍压缩后依次通过每个油管接箍，打捞完成。

由卡爪模型结构可知，卡爪在被上提 12 mm 时可被完全提出卡爪，可视为成功解封。固定油管接箍，对卡爪施加轴向位移约束，位移量为 12 mm，卡爪-丢手管间定义为摩擦接触，采用增广拉格朗日接触算法，接触行为设置为对称接触，在给定温度条件下金属接触面摩擦系数取 0.15。

简化卡爪-油管接箍模型，取单独卡爪进行有限元分析，在设计参数下（卡爪杆长 $L$ = 100 mm、卡爪杆厚 $h$ = 2.5 mm、卡爪牙高 $H$ = 36 mm、卡爪成型角 $\theta$ = 30°）的有限元分析结果如图 4-30 所示。

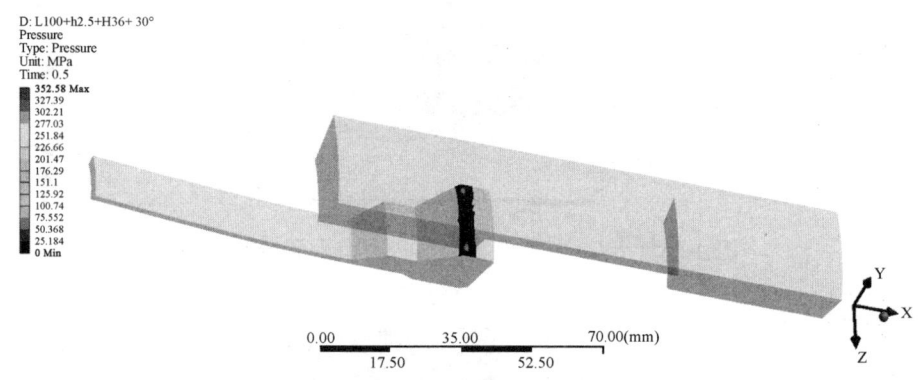

图 4-30　卡爪-油管接箍接触应力有限元分析云图

由结果可知：卡爪-油管接箍接触应力在装置打捞阶段最大可达 353 MPa，出现于卡爪即将被提出油管接箍时的接触面上，最大接触应力为达到材料抗拉强度，属于弹性变形，因此在本结构下卡爪可被提出油管接箍且不会被损坏。

## 4.4.2 卡爪式井下节流器优化设计

### 1. 卡爪式井下节流器结构参数优化

通过 4.4.1 节的静力学分析可得出单一影响参数对装置坐封与解封性能的影响规律，考虑到各个因素间的交互配合。本小节以卡爪的 4 个结构参数为状态变量，以最小化卡爪-丢手管接触应力（投放性能）和卡爪-油管接箍接触应力（卡定性能）为优化目标，采用优化算法对卡爪结构进行优化。

1) 卡爪杆长 $L$ 变化

基于建立的公理化设计的流程方案，本部分对应模块 $M_1$：投放机构；$M_2$：卡定机构；$M_3$：打捞机构中影响参数范围确定的知识获取。基于三个模块所得到的有限元分析结果确定影响参数可优化范围，结构优化提供输入参数的尺寸上下限值。图 4-31 中虚线为油管接箍材料抗拉强度（此处取 600 MPa）。

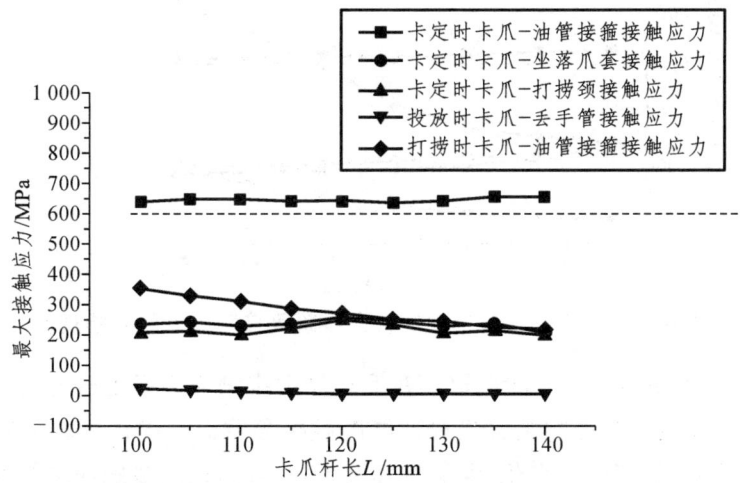

图 4-31 卡爪杆长 $L$ 变化对各工作阶段接触应力的影响规律

随着卡爪杆长 $L$ 的增大，装置在各工作阶段的最大接触应力变化规律如图 4-31 所示。

随着 $L$ 的增大，下行时卡爪-丢手管最大接触应力呈下降趋势，$L$ 变化对卡爪-丢手管接触应力有影响但影响很小，因此 $L$ 不必作为装置投放性能的敏感因素进行优化。随着 $L$ 的增大,工作时卡爪-油管接箍、卡爪-坐落爪套及卡爪-打捞颈间接触应力均呈轻微波动趋势,因此 $L$ 变化对装置卡定性能接触应力几乎无影响。随着 $L$ 的增大,装置解封时卡爪-油管接箍最大接触应力呈下降趋势且变化明显,因此 $L$ 应当作为影响装置解封性能的敏感参数进行优化。

综上所述,$L$ 在(100 mm,140 mm)内变化时可满足装置工作要求,它是装置解封性能的敏感影响因素。

2)卡爪杆厚 $h$ 变化

随着卡爪杆厚 $h$ 的增大,装置在各工作阶段的最大接触应力变化规律如图 4-32 所示。

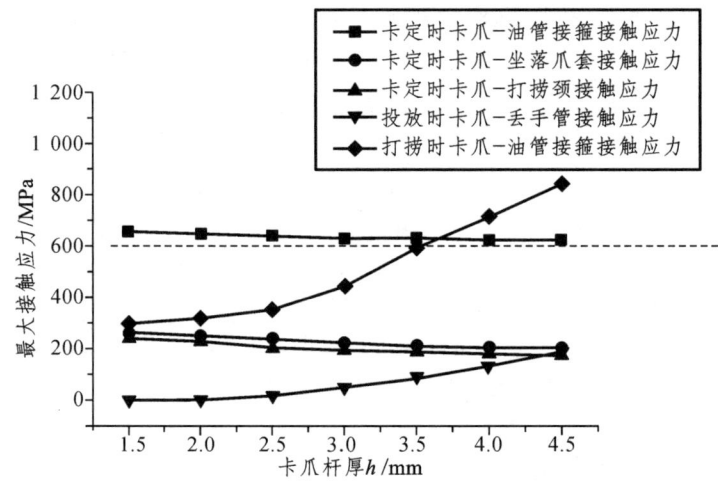

图 4-32 卡爪杆厚 $h$ 变化对各工作阶段接触应力的影响规律

随着 $h$ 的增大,下行时卡爪-丢手管最大接触应力呈上升趋势且变化明显,因此 $h$ 应当作为影响装置投放性能的敏感参数进行优化。随着 $h$ 的增大,工作时卡爪-油管接箍、卡爪-坐落爪套及卡爪-打捞颈间接触应力均呈轻微下降趋势,因此 $h$ 不作为卡爪卡定性能敏感影响参数。随着 $h$ 的增大,装置解封时卡爪-油管接箍间的最大接触应力呈上升趋势且变化明显,因此 $h$ 应当作为影响装置解封性能的敏感参数进行优化。

综上所述,$h$ 在(1.5 mm,3.0 mm)内变化时可满足装置工作要求,它是装置投放性能与解封性能的敏感影响因素。

3）卡爪牙高 $H$ 变化

随着卡爪牙高 $H$ 的增大，装置在各工作阶段的最大接触应力变化规律如图 4-33 所示。

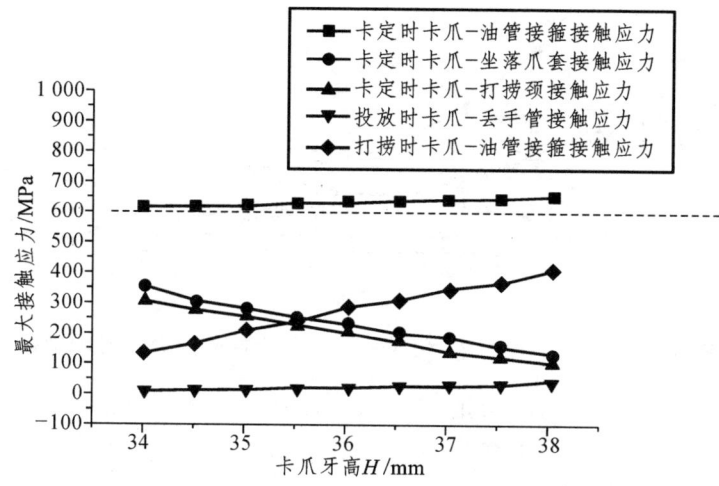

图 4-33　卡爪牙高 $H$ 变化对各工作阶段接触应力的影响规律

随着 $H$ 的增大，下行时卡爪-丢手管最大接触应力呈轻微上升趋势。由总结可知，$H$ 对卡爪丢手管间接触应力有影响，且较小的卡爪-丢手管接触应力更有利于装置的投放，因此 $H$ 应当作为影响装置投放性能的敏感参数进行优化。随着 $H$ 的增大，工作时卡爪-油管接箍最大接触应力呈小幅上升趋势，卡爪-坐落爪套、卡爪-打捞颈间接触应力均呈轻微下降趋势，由此可看出 $H$ 对装置的卡定性能有影响。随着 $H$ 的增大，装置解封时卡爪-油管接箍间的最大接触应力呈上升趋势且变化明显。由于较小的接触应力有利于装置解封，因此 $H$ 应当作为影响装置解封性能的敏感参数进行优化。

综上所述，$H$ 在（34 mm，38 mm）内变化时可满足装置工作要求，它是装置投放性能与解封性能的敏感影响因素。

4）卡爪成型角 $\theta$ 变化

随着卡爪成型角 $\theta$ 的增大，装置在各工作阶段的最大接触应力变化规律如图 4-34 所示，总结如下。

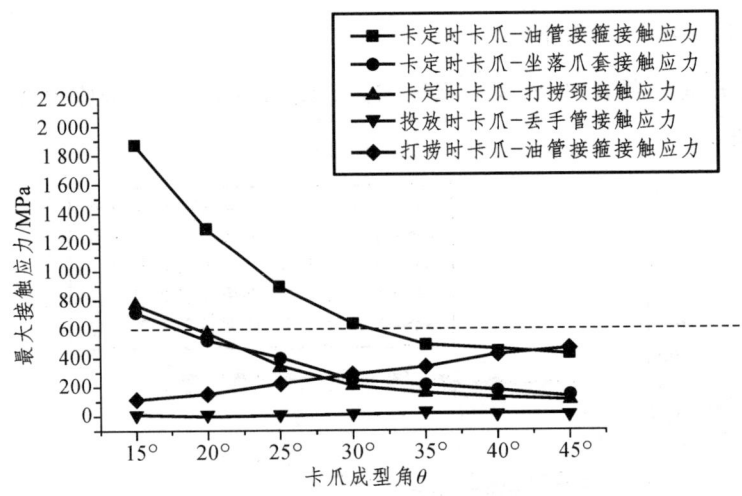

图 4-34　卡爪成型角 $\theta$ 变化对各工作阶段接触应力的影响规律

随着 $\theta$ 的增大，下行时卡爪-丢手管最大接触应力呈轻微波动趋势且均较小，则 $H$ 对装置下行时卡爪-丢手管间接触应力几乎无影响，不应当作为影响装置投放性能的敏感参数进行优化。随着 $\theta$ 的增大，工作时卡爪-油管接箍接触应力呈下降趋势且变化明显，因此，$\theta$ 对卡爪卡定时卡爪-油管接箍接触应力影响很大，为满足装置的卡定要求，因此 $\theta$ 应当作为影响装置解封性能的敏感参数进行优化。

综上所述，$\theta$ 在（35°，45°）内变化时可满足装置工作要求，它是装置解封性能的敏感影响因素。

通过以上叙述，可得出结论如下：卡爪杆长 $L$ 在（100 mm，140 mm）内变化时可满足装置工作要求，是装置解封性能的敏感影响参数；卡爪杆厚 $h$ 在（1.5 mm，3.0 mm）内变化时可满足装置工作要求，是装置投放性能与解封性能的敏感影响参数；卡爪牙高 $H$ 在（34 mm，38 mm）内变化时可满足装置工作要求，是装置投放性能与解封性能的敏感影响参数；卡爪成型角 $\theta$ 在（35°，45°）内变化时可满足装置工作要求，是装置解封性能的敏感影响参数。

### 2. 优化结果及对比

选用优化后的尺寸参数（卡爪杆长 $L$=140 mm、卡爪杆厚 $h$=1.5 mm、卡爪牙高 $H$=34 mm、卡爪成型角 $\theta$ = 35°）进行卡爪建模，并对各工作状态下卡爪与相关部件间的接触应力按照 4.4.1 节所述进行有限元接触应力分析。分析结果如图 4-35~图 4-39 所示,由此可知,在优化后的卡爪结构下,装置在各工作状态下与相关部件的接触应力有了明显的改善,先后对比情况如表 4-16 所示。

表 4-16 优化结果对比

| 工作状态 | | | 优化前 | 优化后 |
|---|---|---|---|---|
| 坐封 | 投放 | 投放时卡爪-丢手管最大接触应力/MPa | 21 | 0.9 |
| | 卡定 | 卡定时卡爪-油管接箍最大接触应力/MPa | 638 | 521 |
| | | 卡定时卡爪-打捞颈最大接触应力/MPa | 207 | 251 |
| | | 卡定时卡爪-坐落爪套最大接触应力/MPa | 233 | 199 |
| 解封 | | 解封时卡爪-油管接箍最大接触应力/MPa | 353 | 116 |

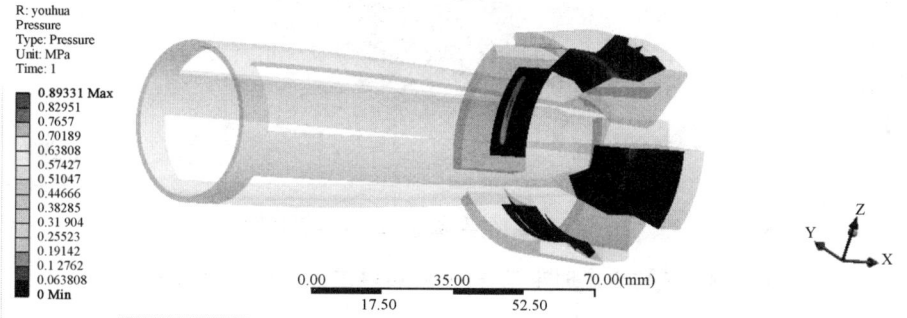

图 4-35 装置投放时卡爪-丢手管接触应力有限元分析云图

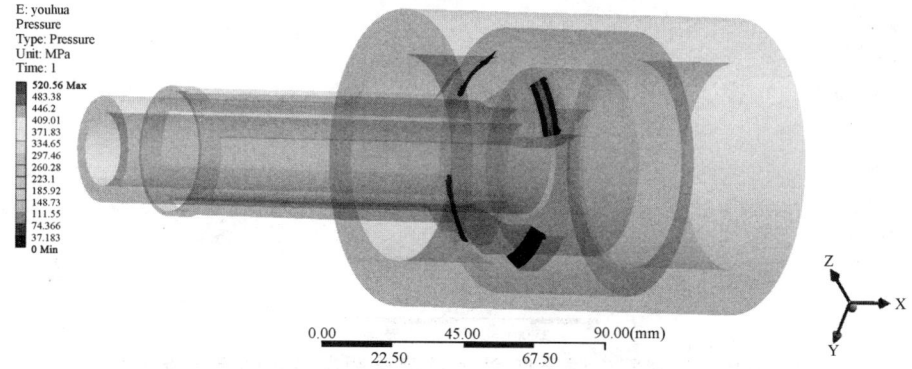

图 4-36 装置卡定时卡爪-油管接箍接触应力有限元分析云图

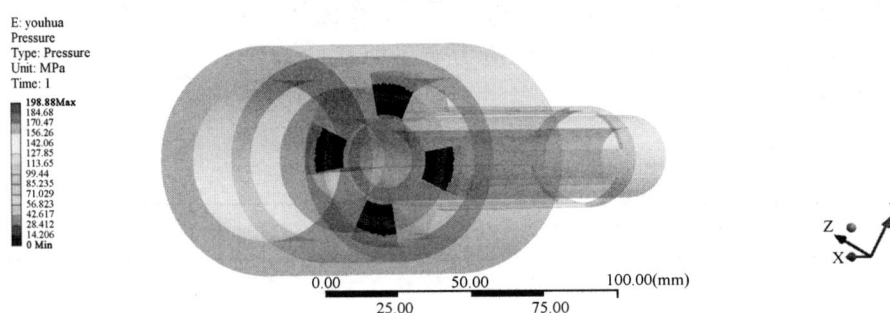

图 4-37 装置卡定时卡爪-坐落爪套接触应力有限元分析云图

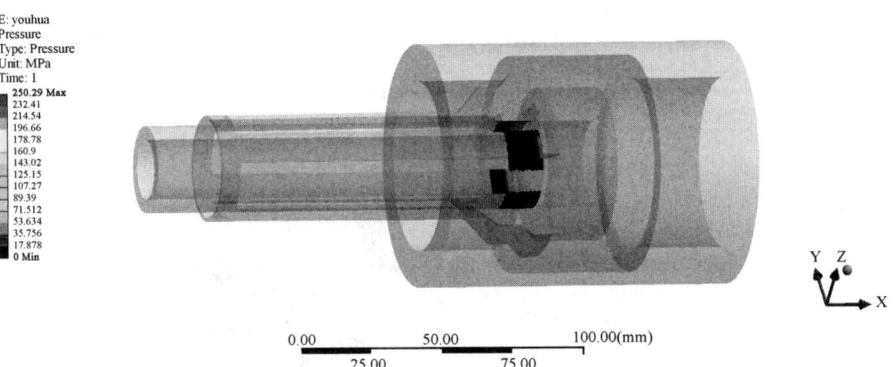

图 4-38 装置卡定时卡爪-打捞颈接触应力有限元分析云图

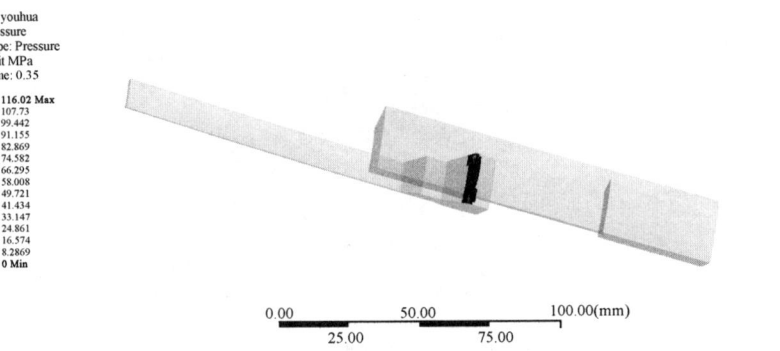

图 4-39 装置解封时卡爪-油管接箍接触应力有限元分析云图

由有限元分析云图结果可知,装置在投放时卡爪-丢手管最大接触应力在优化后由 21 MPa 下降至 0.9 MPa,这有利于装置的投放;装置卡定时卡爪-油管接箍最大接触应力在优化后由 638 MPa 下降至 521 MPa;装置解封时卡爪-油管接箍最大接触应力在优化后由 353 MPa 下降至 116 MPa,这有利于装置的解封;尤其是装置卡定时的卡爪-油管接箍最大接触应力,降至油管接箍材料抗拉强度之下,这有利于保护油管接箍并保证作业安全。

# 第 5 章  新型结构水力加压器设计

## 5.1  新型结构水力加压器的提出

相对于一般的井身结构，水平井和大位移井等的显著特征就是钻井时由于井斜角大、稳斜段长等特点，普遍面临钻柱摩阻高、托压严重、机械钻速低、水平段延伸能力有限等一系列挑战。在旋转钻井过程中，井下钻头的旋转动力由钻台上的驱动装置通过钻柱传递到钻头，由于钻柱与井壁之间的摩擦力的存在，使这种扭矩动力传递变得非常困难，加剧了有效驱动扭矩的损失，既影响了钻机效率的发挥，又减少了钻机的最大钻进能力。摩阻和扭矩的增大，给钻井施工以及后续的下套管工作带来了很大的困难。特别是小井眼水平钻井中普遍存在水平井钻头钻压不足的问题，市面上也缺少小尺寸加压工具，这极大地影响了小井眼技术的发展，亟须适配小井眼钻进的提速提效工具，现有的钻柱降摩减阻技术种类多，减阻效果良莠不齐。钻井时常用水力加压器、振荡器、旋转导向工具等减阻降摩工具来减小钻柱与井壁之间的摩阻，提高钻进效率，以下对几种钻井常用的减阻降摩工具进行对比分析。

1. 滚子减阻器

滚子减阻器如图 5-1 所示，它是一种不需要钻井液驱动、依靠纯机械作用来减小摩阻的工具，主要由本体接头、内衬套筒以及铸合物外壳三部分组成。该工具在井下作业时套筒与本体接头间的转动代替了钻柱与井壁间的转动，将钻柱与井壁的滑动摩擦转化为滚动摩擦，改变了摩擦系数，减小了摩阻，工具结构简单，拆卸方便。但缺点是内衬套筒本体接头之间不断摩擦，容易损坏，使用一段时间后需要检测更换。

第 5 章 新型结构水力加压器设计

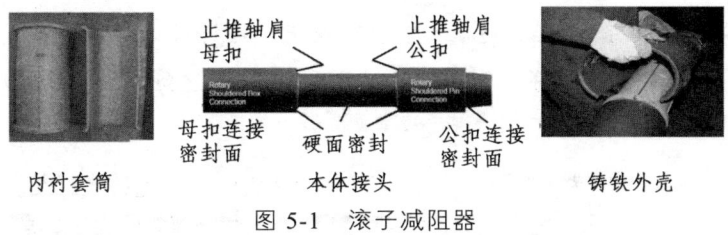

图 5-1 滚子减阻器

## 2. 减摩阻短节

减摩阻短节如图 5-2 所示，其中左侧带孔隔板上过流孔均匀分布在板的圆周上，右侧孔板只有一个过流孔，设计的过程中通过实心球、内腔和右侧过流孔的尺寸保证实心球覆盖右侧孔板时不会掉入过流孔中。实心球由于离心作用会靠在内腔壁上转动，转动的实心球会周期性地覆盖左侧隔板上的偏心过流孔但不会完全堵死，使下部出口过流面积产生周期性的变化并产生压力波动，给井底突然施加一个脉冲作用力，促进克服钻柱与井壁之间的摩阻。减摩阻短节的优点是结构简单、成本低。缺点是产生的压力波动属于刚性冲击，冲击大小固定，缺少缓冲减震部件导致短节寿命较短。

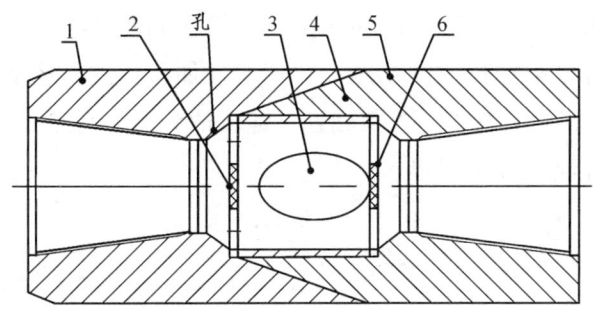

1—上接头；2—孔板；3—实心球；4—限定套筒；5—下接头；6—孔板。

图 5-2 减摩阻短节结构

## 3. 水力振荡器

水力振荡器一般由轴向振动短节、动力短节、阀门和轴承系统组成，如图 5-3 所示，钻井液经过动力短节，带动螺杆旋转并周期性地启闭阀盘过流孔，使过流面积发生周期性变化，形成脉冲压力，引起了工具的轴向振动，改变钻柱与井壁之间的摩擦条件，达到降低摩阻和提速的目的。水力振荡器的优点是将滑动钻进的静摩擦转变为动摩擦，降低阻力，可以防止钻压堆积，精确控制工具面。缺点是：① 工作寿命较短，零件冲蚀严重；② 井斜角较大（大于 60°），水平位移较大（大于 1 000 m），钻速降低明显；③ 对 LWD 仪器的信号采集有影响。

图 5-3　水力振荡器

### 4. 水力加压器

水力加压器是一种将钻井液压能转换为活塞动能进而给钻头施加钻压的工具，这种柔性加压方式不仅将钻头的轴向振动吸收，防止振动继续向上部钻柱传播，而且不受钻柱与井壁之间摩擦阻力的影响，能够稳定地给钻头施加所需钻压，对于提高机械钻速、保护钻头和钻具具有显著的效果。工作原理是在工作时通过地面的液压泵控制钻井液压力，钻井液流入内径大小不相同的活塞端面，产生压降并推动活塞下行，给钻头施加额外的钻压来推动钻头钻进，来克服钻柱与井壁之间的摩阻，其结构如图 5-4 所示。水力加压器在钻井过程中可以施加恒定的钻压，实现柔性加压钻进。还能分隔钻头振动与钻柱振动、减轻钻具疲劳、提高钻速、延长钻头寿命与减少钻铤弯曲程度，对于蹩跳钻严重地层效果明显。

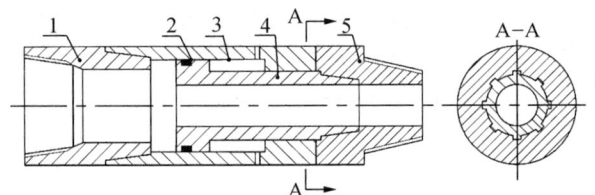

1—上接头；2—密封结构；3—缸体；4—活塞；5—下接头。

图 5-4　水力加压器结构

经过上述对各减摩降阻工具的对比分析，本章以小井眼水平钻井提速提效为目标导向，为了满足小井眼钻井过程加压与提速提效的要求，提出一种小尺寸的水力加压器结构设计方案。水力加压器产生的推力主要与流过加压器泥浆钻井液的压降与压降施加的有效面积有关，加压大小与压降成正比关

系,级数越多可提供的最大钻压就越大。常见的水力加压器有单行程加压、双行程加压两种结构,以下进行对比分析:

(1)单行程水力加压器结构如图 5-5 所示,主要由上接头、上喷嘴、变流元件、一级活塞、副缸体、二级活塞、主缸体和六方钻杆组成。上接头实现上部钻具如钻铤或井下动力钻具与水力加压器的连接。由于单行程水力加压器入井以后,只能依靠改变钻井液排量来改变钻压,而钻井液排量的改变又会影响到钻头的清洗、岩屑的携带和泵压的变化等,这会导致出现不能兼顾的情况。

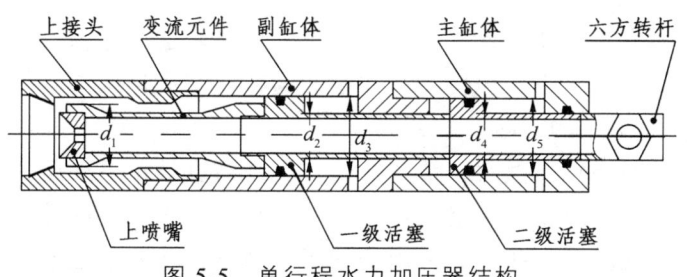

图 5-5 单行程水力加压器结构

(2)加压大小与压降成正比关系,级数越多可提供的最大钻压就越大,为了在入井后能调整钻压,采用双行程水力加压器,其结构如图 5-6 所示,水力加压器不同行程的推动活塞数量不同,行程越多可调压力越细。

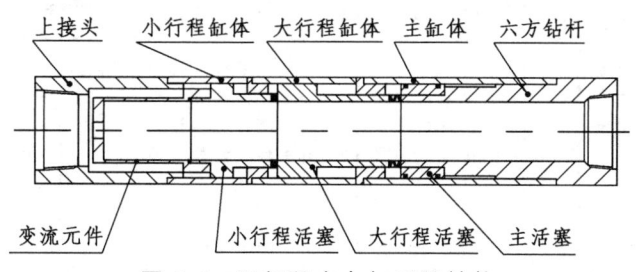

图 5-6 双行程水力加压器结构

对所设计的水力加压器而言,最大的约束条件是小井眼的尺寸限制,因此根据加压要求与小尺寸井眼约束条件选择双水力加压结构方案并进行结构改进:在活塞缸杆上设计泄流孔,以加速活塞下行产生振荡功能,同时实现将静摩擦转化为水力振荡器的动摩擦,进一步地降低摩擦力,提高钻进效率。

## 5.2 水力加压器的公理化建模

为了确保水力加压器能在小井径的约束下满足加压与提速提效的需求，本节运用公理化建模方法对所设计的水力加压器的功能、结构、性能进行形式化建模，通过构建加压器的设计矩阵与设计流程图来判断设计方案的质量与可行性，保证设计结构方案的科学性和合理性。

### 5.2.1 水力加压器的公理化表征

将本次水力加压器设计用户需求运用公理化表达拆分为以下三个方面：

（1）小井眼的水平、大位移钻井中普遍存在钻头钻压不足的情况，所以需要在钻进中为钻头加压。

（2）为了减小钻具振动，缓解跳钻，提高钻进效率，加压器设计中需要引进减振部件，减缓钻头和活塞对于加压器与所连接钻柱的冲击。

（3）水力加压器工作时壳体承受钻压的同时，活塞也在不断地冲击加压器，需要进行静力学、动力学模拟仿真，保证性能满足工况要求。

根据用户需求与水力加压器的结构特点，四个域可以按照图 5-7 进行设计。

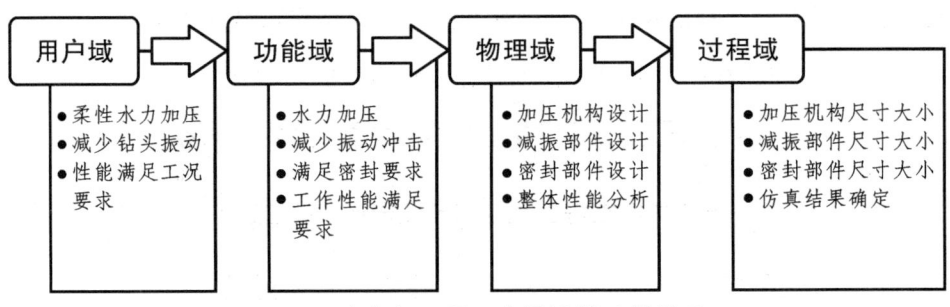

图 5-7 水力加压器四个设计域映射关系

### 5.2.2 设计功能与设计结构（参数）第一层分解

双级双行程加压器是通过活塞缸在加压工具中往复运动、柔性地进行加压与调压。作为一个往复运动的井下工具，良好的密封以及减振部件能够保证它有更长的工作寿命与工况性能。所以我们将加压器的总体设计方案拆分为加压要求、保证密封性、减少振动冲击三个功能域,最后进行测试优化与工况模拟,保证设备性能满足要求。

第一层加压器设计功能需求为:水力加压、机构密封、减少振动冲击和满足工作性能要求 4 个需求,第一层是对加压器设计需要进行的主要设计步骤的抽象概括。将加压器的优化设计分解为基础结构设计、成品性能分析这两个功能模块,保证设计的合理性。第一层功能分解及参数映射如表 5-1 所示。

表 5-1　第一层功能分解及与参数域的映射关系

| 功能描述 | | 参数描述 | |
| --- | --- | --- | --- |
| $FR_1$ | 水力加压 | $DP_1$ | 加压机构设计 |
| $FR_2$ | 机构密封 | $DP_2$ | 密封部件设计 |
| $FR_3$ | 减少振动冲击 | $DP_3$ | 减震部件设计 |
| $FR_4$ | 满足工作性能要求 | $DP_4$ | 整体性能分析 |

可以看出来 $FR_2$、$FR_3$ 功能相互并列互不影响,其他功能需要按特定顺序依次满足,[A]为下三角矩阵,满足独立公理设计。

总体设计方程组如下:

$$\begin{bmatrix} FR_1 \\ FR_2 \\ FR_3 \\ FR_4 \end{bmatrix} = \begin{bmatrix} x & 0 & 0 & 0 \\ x & x & 0 & 0 \\ x & 0 & x & 0 \\ x & x & x & x \end{bmatrix} \begin{bmatrix} DP_1 \\ DP_2 \\ DP_3 \\ DP_4 \end{bmatrix}, A = \begin{bmatrix} x & 0 & 0 & 0 \\ x & x & 0 & 0 \\ x & 0 & x & 0 \\ x & x & x & x \end{bmatrix}$$

## 5.2.3　设计功能与设计结构(参数)第二层分解

第二级结构分解是在考虑第一级设计参数的前提下,确定能够满足第一级设计参数的功能要求,再根据分解获得的功能要求确定设计参数。

1)$FR_1$(水力加压)功能分解

因为 118 mm 井眼的大小限制了加压器级数与行程设计,考虑到双行程加压器可以通过控制行程来控制压力大小,以满足钻井时对压力的不同需求,因此选用双级双行程活塞进行多级加压。

将 $FR_1$ 分解为多级加压功能实现、引导活塞往复运动、对钻头加压和加压器连接固定四个部分，功能分解及参数映射如表 5-2 所示。

表 5-2  $FR_1$ 功能域与参数域的映射关系

| 功能描述 | | 参数描述 | |
|---|---|---|---|
| $FR_{11}$ | 多级加压 | $DP_{11}$ | 双行程活塞设计 |
| $FR_{12}$ | 引导活塞 | $DP_{12}$ | 导向环设计 |
| $FR_{13}$ | 对钻头加压 | $DP_{13}$ | 文丘管喷嘴设计 |
| $FR_{14}$ | 固定加压器 | $DP_{14}$ | 壳体设计 |

2) $FR_2$（机构密封）功能分解

活塞缸的密封优劣决定了加压器的加压性能与加压器的使用寿命，加压器工作中要受到自身与钻头的振动冲击，需要专门设计以减少动摩擦和提高缸体活塞的密封性。$FR_2$ 的功能分解及参数映射如表 5-3 所示。

表 5-3  $FR_2$ 功能域与参数域的映射关系

| 功能描述 | | 参数描述 | |
|---|---|---|---|
| $FR_{21}$ | 增加活塞密封性 | $DP_{21}$ | 缓冲紧固件设计 |
| $FR_{22}$ | 提高缸体密封性 | $DP_{22}$ | 挡圈设计 |
| $FR_{23}$ | 减小动摩擦 | $DP_{23}$ | 动密封组合件设计 |

3) $FR_3$（减少振动冲击）功能分解

为了减轻钻头振动和活塞往复运动对工作部件的冲击，延长机械使用寿命，将 $FR_3$ 分为以下两个子功能，如表 5-4 所示。

表 5-4  $FR_3$ 功能域与参数域的映射关系

| 功能描述 | | 参数描述 | |
|---|---|---|---|
| $FR_{31}$ | 减少活塞硬接触 | $DP_{31}$ | 环簧组件设计 |
| $FR_{32}$ | 减少内缸筒硬接触 | $DP_{32}$ | 活塞缸缓冲件设计 |

## 第 5 章　新型结构水力加压器设计

4) $FR_4$（整体结构可靠）功能分解

整体结构可靠包括两个方面：一是结构强度符合标准，另一个是工作性能满足工况要求。所以将 $FR_4$ 分解为参数设计合理、工作性能满足要求两个子功能域，其与参数域的映射关系如表 5-5 所示。

表 5-5　$FR_4$ 功能域与参数域的映射关系

| 功能描述 | | 参数描述 | |
|---|---|---|---|
| $FR_{41}$ | 参数设计合理 | $DP_{41}$ | 关键参数优化 |
| $FR_{42}$ | 工作性能满足要求 | $DP_{42}$ | 工作性能参数 |

第二层 $\{FR_s\}$ 与 $\{DP_s\}$ 的映射关系如表 5-6 所示，灰色矩阵从左向右分别是设计矩阵 $[A_1]$、$[A_2]$、$[A_3]$、$[A_4]$。

表 5-6　水力加压器功能与结构第二层分解设计总矩阵

| $FR_s$ | | $DP_s$ | | | | | | | | | |
|---|---|---|---|---|---|---|---|---|---|---|---|
| | | $DP_1$：加压部件设计 | | | | $DP_2$：减振部件设计 | | | $DP_3$：密封部件设计 | | $DP_4$：整体性能分析 | |
| | | 11 | 12 | 13 | 14 | 21 | 22 | 23 | 31 | 32 | 41 | 42 |
| $FR_1$ 水力加压 | $FR_{11}$ | x | 0 | 0 | 0 | 0 | 0 | 0 | 0 | 0 | 0 | 0 |
| | $FR_{12}$ | 0 | x | 0 | 0 | 0 | 0 | 0 | 0 | 0 | 0 | 0 |
| | $FR_{13}$ | 0 | 0 | x | 0 | 0 | 0 | 0 | 0 | 0 | 0 | 0 |
| | $FR_{14}$ | x | x | x | x | 0 | 0 | 0 | 0 | 0 | 0 | 0 |
| $FR_2$ 机构密封 | $FR_{21}$ | 0 | 0 | 0 | 0 | x | 0 | 0 | 0 | 0 | 0 | 0 |
| | $FR_{22}$ | 0 | 0 | 0 | 0 | 0 | x | 0 | 0 | 0 | 0 | 0 |
| | $FR_{23}$ | 0 | 0 | 0 | 0 | 0 | 0 | x | 0 | 0 | 0 | 0 |
| $FR_3$ 减少振动 | $FR_{31}$ | 0 | 0 | 0 | 0 | 0 | 0 | 0 | x | 0 | 0 | 0 |
| | $FR_{32}$ | 0 | 0 | 0 | 0 | 0 | 0 | 0 | 0 | x | 0 | 0 |
| $FR_4$ 满足工况 | $FR_{41}$ | x | x | x | x | 0 | 0 | 0 | 0 | 0 | x | 0 |
| | $FR_{42}$ | x | x | x | x | x | x | x | x | x | x | x |

$FR_{11} \sim FR_{13}$ 三个功能相互独立，没有耦合关系，固定加压器功能的优先级在前三个功能之下，需要按顺序完成。功能矩阵 $[A_1]$ 为下三角矩阵；$FR_{21} \sim FR_{23}$

三个功能相互并列互不影响，$FR_{31}$ 与 $FR_{32}$ 相互独立为无耦合设计，$[A_2]$、$[A_3]$ 都为对角矩阵；$FR_{41}$ 参数设计需要在 $FR_{42}$ 前完成，二者之间属于准耦合关系，$[A_4]$ 为下三角矩阵。

可以看出第二层分解出来的功能矩阵都符合独立公理要求。

### 5.2.4 设计功能与设计结构（参数）第三层分解

第二层分解出的 11 种子功能中有 7 种子功能已经具体且明确，还有 $FR_{11}$（多层加压）、$FR_{14}$（固定加压器）、$FR_{41}$（参数设计合理）、$FR_{42}$（工作性能满足要求）4 种子功能描述不够详细。所以在满足第二层设计功能的前提下，对第二层的 4 种子功能进行逐项分解，最后获得每一项具体的设计结构。

1）$FR_{11}$（多层加压）、$FR_{14}$（固定加压器）功能分解

$FR_1$ 分解的 4 个子功能中，$FR_{11}$、$FR_{14}$ 的功能分解得不够详细，对其进行进一步细分。$FR_{11}$（多层加压）的加压过程分为第一大钻压行程和第二小钻压行程。$FR_{14}$（固定加压器）具有连接钻头和钻柱、隔绝环空的功能。功能分解及参数映射如表 5-7 所示。

表 5-7　$FR_{11}$、$FR_{14}$ 功能域与参数域的映射关系

| 功能描述 | | 参数描述 | |
| --- | --- | --- | --- |
| $FR_{111}$ | 第一行程加压 | $DP_{111}$ | 活塞缸设计 |
| $FR_{112}$ | 第二行程加压 | $DP_{112}$ | 活塞、活塞杆设计 |
| $FR_{141}$ | 与井下钻机连接 | $DP_{141}$ | 上下接头设计 |
| $FR_{142}$ | 隔绝环空 | $DP_{142}$ | 内外缸筒设计 |

第二层功能需求分解及参数映射如表 5-7 所示，$FR_{11}$ 的子功能 $FR_{111}$ 与 $FR_{112}$ 相互独立。$FR_{14}$ 的子功能 $FR_{141}$ 与 $FR_{142}$ 相互独立。

$\{FR_s\}$ 与 $\{DP_s\}$ 的映射关系如下所示：

$$\begin{bmatrix} FR_{111} \\ FR_{112} \\ FR_{141} \\ FR_{142} \end{bmatrix} = \begin{bmatrix} x & 0 & 0 & 0 \\ 0 & x & 0 & 0 \\ 0 & 0 & x & 0 \\ 0 & 0 & 0 & x \end{bmatrix} \begin{bmatrix} DP_{111} \\ DP_{112} \\ DP_{141} \\ DP_{142} \end{bmatrix}, \quad A_{11} = \begin{bmatrix} x & 0 & 0 & 0 \\ 0 & x & 0 & 0 \\ 0 & 0 & x & 0 \\ 0 & 0 & 0 & x \end{bmatrix}$$

2）$FR_{41}$（参数设计合理）、$FR_{42}$（工作性能满足要求）功能分解

优化方案首先要对现有方案进行模拟分析，得到关键参数后再对强度或尺寸进行优化调整。$FR_{41}$就可以分成泄压孔优化、活塞杆参数优化两个部分。

对结构进行优化后，就是对设备整体性能检验，分别对最大静压力下的材料强度进行校核，检验加压器在钻井液中往复运动过程中缸筒、缸杆受力与形变情况和加压效果。将$FR_{42}$分解为满足材料要求、确定工作时设备过流情况、设备能按加压要求运转三个功能域，功能分解及参数映射如表 5-8 所示。

表 5-8  $FR_{41}$、$FR_{42}$功能域与参数域的映射关系

| 功能描述 | | 参数描述 | |
| --- | --- | --- | --- |
| $FR_{411}$ | 泄压孔优化 | $DP_{411}$ | 影响泄压参数 |
| $FR_{412}$ | 活塞杆参数优化 | $DP_{412}$ | 响应曲面分析 |
| $FR_{421}$ | 满足材料强度要求 | $DP_{421}$ | 极限受力分析 |
| $FR_{422}$ | 确定设备过流情况 | $DP_{422}$ | 流域仿真 |
| $FR_{423}$ | 设备按要求运转 | $DP_{423}$ | 活塞运动仿真 |

$FR_{411}$与$FR_{412}$相互独立，为无耦合设计，$FR_{421}$、$FR_{422}$相互独立，$FR_{423}$需要在最后完成，$[A_{41}]$为下三角矩阵。

$\{FR_s\}$与$\{DP_s\}$的映射关系如下所示：

$$\begin{bmatrix} FR_{411} \\ FR_{412} \\ FR_{421} \\ FR_{422} \\ FR_{423} \end{bmatrix} = \begin{bmatrix} x & 0 & 0 & 0 & 0 \\ 0 & x & 0 & 0 & 0 \\ 0 & 0 & x & 0 & 0 \\ 0 & 0 & 0 & x & 0 \\ 0 & 0 & x & x & x \end{bmatrix} \begin{bmatrix} DP_{411} \\ DP_{412} \\ DP_{421} \\ DP_{422} \\ DP_{423} \end{bmatrix}, \quad A_{41} = \begin{bmatrix} x & 0 & 0 & 0 & 0 \\ 0 & x & 0 & 0 & 0 \\ 0 & 0 & x & 0 & 0 \\ 0 & 0 & 0 & x & 0 \\ 0 & 0 & x & x & x \end{bmatrix}$$

### 5.2.5 整体设计矩阵及设计流程图

基于公理设计理论的提速提效水力加压器设计在功能域和物理域中反复迭代以分解$\{FR_s\}$和$\{DP_s\}$，并生成 FR 和 DP 的层次结构，如图 5-8 所示。最终分解结果为 16 个叶的功能需求及其对应的设计参数。由各个层次的设计矩阵描述的功能需求和设计参数间的关系得到一个 16×16 的最终设计矩阵，如表 5-9 所示。最终设计矩阵是一个下三角矩阵，因此本章的水力加压器设计是一个解耦设计，满足独立公理。

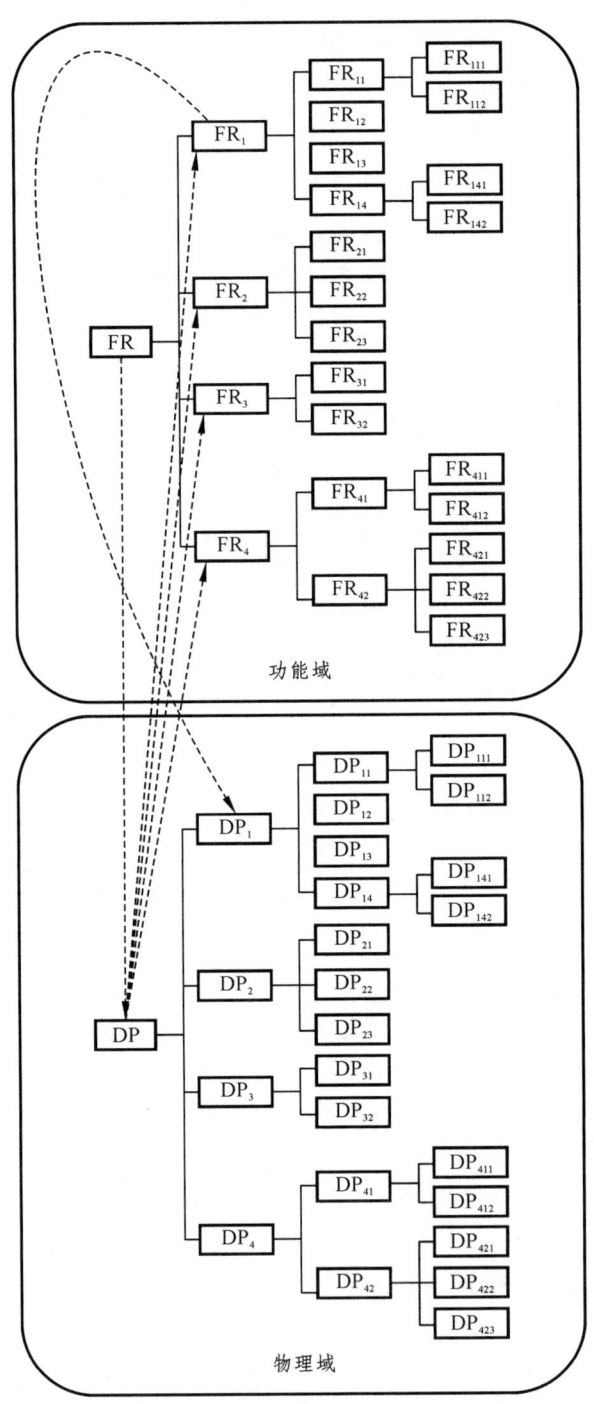

图 5-8　FR 和 DP 的映射迭代及层次结构

第 5 章　新型结构水力加压器设计

表 5-9　整体设计矩阵

| FR | DP | | | | | | | | | | | | | | | |
|---|---|---|---|---|---|---|---|---|---|---|---|---|---|---|---|---|
| | $DP_{111}$ | $DP_{112}$ | $DP_{12}$ | $DP_{13}$ | $DP_{141}$ | $DP_{142}$ | $DP_{21}$ | $DP_{22}$ | $DP_{23}$ | $DP_{31}$ | $DP_{32}$ | $DP_{411}$ | $DP_{412}$ | $DP_{421}$ | $DP_{422}$ | $DP_{423}$ |
| $FR_{111}$ | x | 0 | 0 | 0 | 0 | 0 | 0 | 0 | 0 | 0 | 0 | 0 | 0 | 0 | 0 | 0 |
| $FR_{112}$ | 0 | x | 0 | 0 | 0 | 0 | 0 | 0 | 0 | 0 | 0 | 0 | 0 | 0 | 0 | 0 |
| $FR_{12}$ | 0 | 0 | x | 0 | 0 | 0 | 0 | 0 | 0 | 0 | 0 | 0 | 0 | 0 | 0 | 0 |
| $FR_{13}$ | 0 | 0 | 0 | x | 0 | 0 | 0 | 0 | 0 | 0 | 0 | 0 | 0 | 0 | 0 | 0 |
| $FR_{141}$ | 0 | 0 | 0 | 0 | x | 0 | 0 | 0 | 0 | 0 | 0 | 0 | 0 | 0 | 0 | 0 |
| $FR_{142}$ | 0 | 0 | 0 | 0 | 0 | x | 0 | 0 | 0 | 0 | 0 | 0 | 0 | 0 | 0 | 0 |
| $FR_{21}$ | x | x | x | x | x | x | 0 | 0 | 0 | 0 | 0 | 0 | 0 | 0 | 0 | 0 |
| $FR_{22}$ | x | x | x | x | x | 0 | x | 0 | 0 | 0 | 0 | 0 | 0 | 0 | 0 | 0 |
| $FR_{23}$ | x | x | x | x | x | 0 | 0 | x | 0 | 0 | 0 | 0 | 0 | 0 | 0 | 0 |
| $FR_{31}$ | x | x | x | x | x | 0 | 0 | 0 | 0 | x | 0 | 0 | 0 | 0 | 0 | 0 |
| $FR_{32}$ | x | x | x | x | x | 0 | 0 | 0 | 0 | 0 | x | 0 | 0 | 0 | 0 | 0 |
| $FR_{411}$ | x | x | x | x | x | x | x | x | x | x | x | 0 | 0 | 0 | 0 | 0 |
| $FR_{412}$ | x | x | x | x | x | x | x | x | x | x | x | x | 0 | 0 | 0 | 0 |
| $FR_{421}$ | x | x | x | x | x | x | x | x | x | x | x | x | x | 0 | 0 | 0 |
| $FR_{422}$ | x | x | x | x | x | x | x | x | x | x | x | x | x | 0 | x | 0 |
| $FR_{423}$ | x | x | x | x | x | x | x | x | x | x | x | x | x | x | x | x |

通过对图 5-8 和表 5-9 的分析，可以得到如图 5-9 所示的水力加压器公理化设计流程图。在图 5-9 中，Ⓢ 是和节点，表示模块之间为无耦合设计，设计时不必考虑先后顺序；Ⓒ 是控制节点，表示模块之间为解耦设计，设计时必须按照设计矩阵建议的次序来控制。

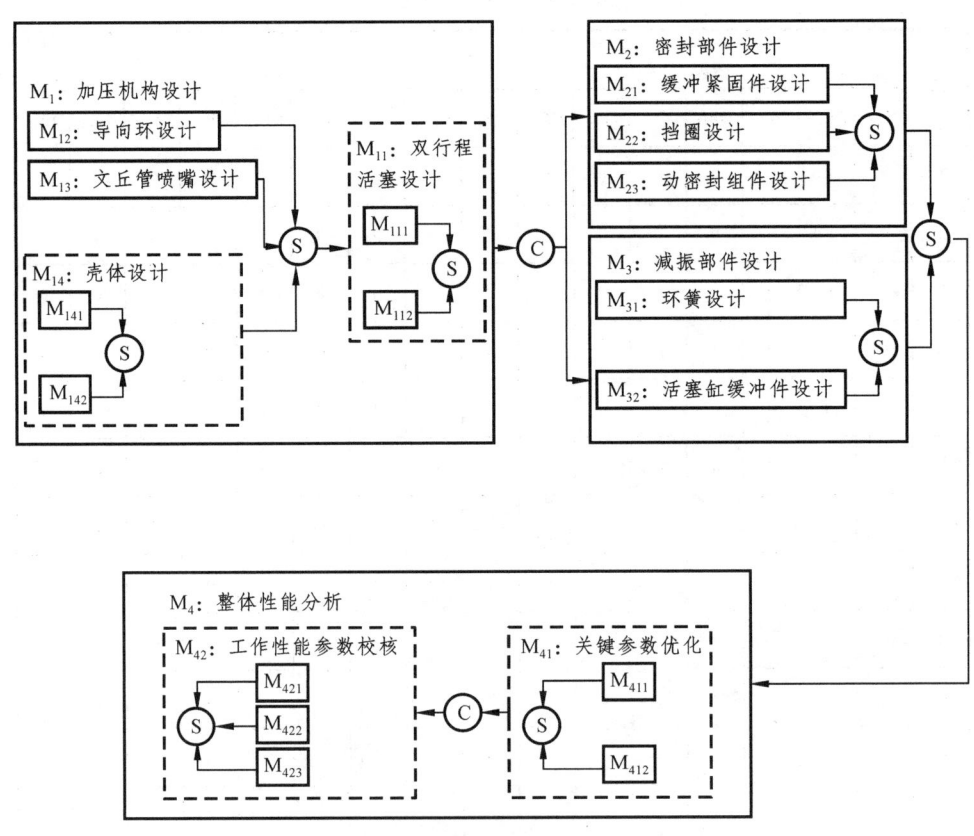

图 5-9 水力加压器公理化设计流程

## 5.3 水力加压器结构设计方案的实现

### 5.3.1 水力加压器总体结构设计

将水力加压器使用公理设计方法分解为三层并画出流程图后,通过给定的工况参数并结合钻井液的水力参数,以及水力加压器的工作原理、液压流体力学管流和缝隙流、多孔物质的流体流动,设计小尺寸水力加压器总体结构方案,总体结构方案如图5-10所示。其结构主要由活塞帽(活塞)及其密封总成、活塞杆、活塞缸、喷嘴和其他密封件组成。

## 第 5 章 新型结构水力加压器设计

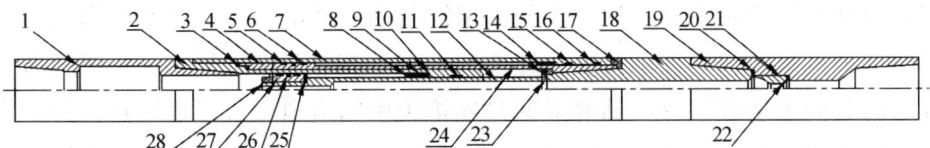

1—上接头；2—内缸筒；3—垫圈；4—缓冲块；5—上导向环；6—下导向环；7—外缸筒；
8—上支撑环；9—环簧组件；10—下支撑环；11—支撑环；12—活塞杆；13—锁紧环；
14—缓冲簧组件；15—上密封导向组件；16—下密封导向件；17—压缩环；
18—连接头；19—下接头；20—喷嘴上垫片；21—喷嘴；
22—喷嘴下垫片；23—缓冲圈；24—活塞缸；
25—肩部垫片；26—活塞密封组件；
27—活塞；28—防松螺母。

图 5-10　小尺寸水力加压器总体结构方案

在一个完整的工作过程中，加压器的工作状态可以分为上冲程和下冲程两种。下冲程为钻头施压，上冲程为复位憋压。下冲程有三个关键位置点：上极限位置、活塞杆下极限位置和活塞缸下极限位置。这三个关键位置的连续工作，持续为钻头施压。该水力加压器的工作原理如下：

（1）上极限位置：当水力加压器受到的地层压力远大于钻井液向下的推力时，活塞缸与活塞杆都会被推至上极限位置，此时整个水力加压器处于收缩状态，长度最短，如图 5-11 所示。

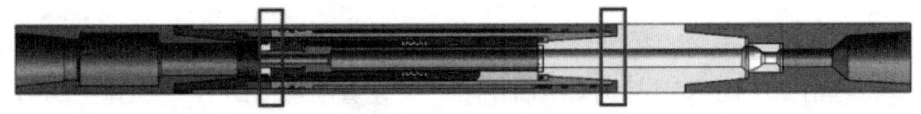

图 5-11　上极限位置

（2）活塞杆下极限位置：水力加压器受到的钻井液推力大于地层压力，活塞杆下行至活塞杆下极限位置，这个过程中活塞杆推动活塞缸下行，通过下接头将推力传递给下部钻具，如图 5-12 所示。同时，活塞杆下行，活塞缸泄压孔逐步打开，钻进液进入活塞缸与内、外缸筒的腔体，液压也会直接推动活塞缸下行。

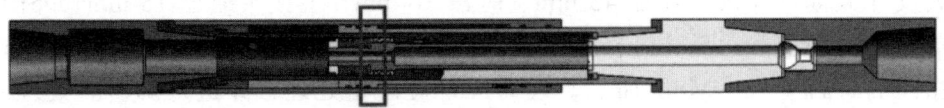

图 5-12　活塞杆下极限位置

（3）活塞缸下极限位置：当活塞杆下行到下极限位置时，停止下行，活塞杆与活塞缸不再接触，此时受到活塞缸与内、外缸筒形成的腔室内的液压作用，活塞缸单独继续下行并传递推力；当活塞缸与内缸筒完全不接触时，腔室的封闭系统被破坏，钻井液通过连接头中间流道进入下部钻具，持续为水力加压器泄压，加速活塞缸下行，根据液压大小情况，会到达活塞缸下极限位置，如图 5-13 所示。活塞缸到达下极限位置后，小尺寸水力加压器下行程为钻头施压结束。

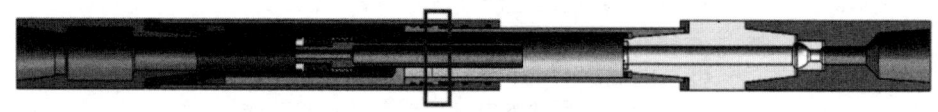

图 5-13　活塞缸下极限位置

上冲程：司钻减小泥浆泵泵压，下放钻柱，此时受到下部钻具与地层抵触力的作用，会推动连接头与之连接的活塞缸上行，进而推动活塞杆上行，直至上极限位置，上行程结束，行程上部形成闭腔，加压准备开始下行程。

### 5.3.2　加压机构设计

根据设计流程图，先进行 $M_1$ 加压模块设计，这一模块对应的设计机构有双行程活塞（$DP_{12}$）、导向环（$DP_{12}$）、文丘管喷嘴（$DP_{13}$）、壳体（$DP_{14}$）。其中活塞设计分为活塞杆与活塞缸设计，壳体设计分为缸筒与连接头设计。

#### 1. 加压器双行程活塞设计

1）第一行程活塞杆

活塞杆三维模型如图 5-14 所示，活塞杆的外端结构采用带肩外螺纹，螺纹类型和尺寸应参照国家标准来设计，并且与活塞螺纹连接，紧密配合。其设计关键尺寸为：外径 45 mm、内径 30 mm、上接头通径 15 mm、外凹槽深度为 5 mm。要求具有高强度、高韧性的材料，所以需要选用和活塞相同的材料（42CrMo）加工，表面进行镀硬铬处理，并进行调质热处理。

第 5 章 新型结构水力加压器设计

图 5-14 活塞杆三维模型

2）活塞缸

活塞缸在水力加压器中的往复运动,既可以看作是第一行程的二级活塞,也可以看作是第二个行程,所以该小尺寸水力加压器是双级双行程水力加压器。活塞缸作为关键执行部件和传递往复推力部件,需要考虑活塞杆的行程和总体行程。活塞缸的密封类型与方式,参考活塞的密封设计结构。活塞缸初步设计为一体锻造成型的加工方式制造,其三维模型如图 5-15 所示,整体尺寸内径 76 mm、外径 91 mm、长度 645 mm,选用 42CrMo 材料,凹槽尺寸与导向环和密封结构配合,下接头为螺纹连接,与连接头连接并进行螺纹锁配合。

图 5-15 活塞缸三维模型剖视图

根据多级多行程水力加压器的结构组成原理,该小尺寸水力加压器也可以叫作双级双行程水力加压器。活塞缸在水力加压器中的往复运动,既可以看作是第一行程的二级活塞,也可以看作是第二个行程。初始位置到活塞杆极限位置为第一行程,第一行程为 250 mm;从活塞杆极限位置到活塞缸极限位置为第二行程,第二行程为 150 mm;总行程为 400 mm。小尺寸水力加压器总体设计尺寸如表 5-10 所示。

表 5-10  小尺寸水力加压器总体设计尺寸

| 级数行程 | 外径/mm | 整长/mm | 工作行程/mm | 最小壁厚/mm | 连接扣型/API |
| --- | --- | --- | --- | --- | --- |
| 双级双行程 | 118 | 1 700～2 100 | 0～400 | 7.5 | NC38 |

## 2. 导向环设计

安装在活塞外圆上的导向环(支撑环)具有精确的导向作用,并能吸收活塞移动时随时产生的侧向力。活塞导向环有三种类型:嵌入式、浮动式和组合式,本设计选用浮动型设计,其横截面安装如图 5-16 所示。

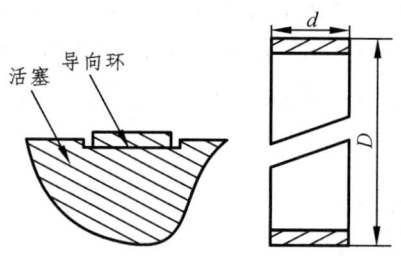

图 5-16  浮动型导向环

最终设计结果为:$b$=10 mm,$D$=60.6 mm,$L$=150 mm,选用改性后的 PTFE,属于非金属导向环,其特点是与缸筒非金属接触,摩擦阻力低、耐磨、使用寿命长、加工简单。当磨损后,导向环更换方便。其表面温度在 60 ℃ 时,$P_r$=90 MPa,最高工作温度不超过 260 ℃。该浮动型活塞环需采用专业厂提供的带状半成品制成,厚度和宽度以及安装均需要参考活塞要素而定。

## 3. 喷嘴设计

喷嘴形式多样,可以根据现场钻头使用条件和地质环境选配,如比较先进的电磁喷嘴,可以改变喷嘴的出口流量。设计一种普通喷嘴,在喷嘴上下端面安装压紧装置,所以本书在满足功能的前提下,选择常用的喷嘴垫片,如图 5-17 所示为喷嘴三维模型剖视图。

第 5 章 新型结构水力加压器设计

图 5-17 喷嘴三维模型剖视图

4. 加压器壳体设计

1) 内、外缸筒设计

双级双行程小尺寸水力加压器，有内、外两个缸筒，内缸筒三维模型如图 5-18（a）所示，整体内径 60.6 mm、外径 76 mm、长度 600 mm；外缸筒三维模型如图 5-18(b)所示，整体内径 102.4 mm、外径 118 mm、长度 785 mm。内缸筒的内螺纹与上接头连接，螺纹类型为偏梯形套管螺纹；外螺纹与外缸筒通过粗牙螺纹连接。考虑到缸筒的工作环境，以及内、外承受压力的大小，所以内、外缸筒的材料均选用 42CrMo，在其表面进行镀铬处理以增加其抗磨损能力。内、外缸筒内表面都要经过精细加工，表面粗糙度 $Ra<0.08\mu m$，以减少密封件的摩擦。

（a）内缸筒三维模型剖视图　　　（b）外缸筒三维模型剖视图

图 5-18 内缸筒与外缸筒的三维模型

2）连接头及其附件

活塞缸通过连接头与下接头连接，由于活塞缸的往复运动，会产生一定的轴向振动，所以连接头必须加装锁紧和缓冲装置，连接头的螺纹类型都为紧固螺纹，选用 42CrMo 作为加工原材料。

连接头上端用紧固管螺纹连接锁紧环，使用碳钢材料，其工作原理是采用螺母和螺栓之间的摩擦力进行自锁，和防松螺母有一定区别，在这里为了方便整机的组装，在锁紧环上表面开有四个六棱柱孔，使用六棱柱扳手进行锁紧安装。锁紧缓冲环也用紧固管螺纹连接，由于其会受到活塞杆的冲击，所以使用有一定弹性和刚度的高强度复合材料，在其内开有凹槽，使用合适的平板插入其中，旋转安装。连接头及其附件三维模型如图 5-19 所示。

图 5-19　连接头及其附件三维模型

### 5.3.3　密封部件设计

$M_2$ 密封模块实现加压器的密封功能，对应的设计部件是缓冲紧固件（$DP_{21}$）与挡圈（$DP_{22}$）。

#### 1. 缓冲紧固件设计

活塞和活塞杆通过螺纹连接，属于硬接触，活塞杆连接处设计有内凹肩，在内凹肩处设计有缓冲紧固环装置，用于吸收活塞传递给活塞杆的直接冲击力，还可以起到再次密封作用，其结构如图 5-20 所示，外径 60.6 mm、内径 26 mm、厚度 5 mm。该结构可以使用国产合成树脂——聚酰胺尼龙进行加工，该材料耐磨性能佳，比铜和一般钢材好，而且抗冲击性好，有一定的机械强度，有一定的吸水性和冷流性，可以改善活塞的密封性能。它安装在活塞与活塞杆连接处，和内凹肩过渡配合。

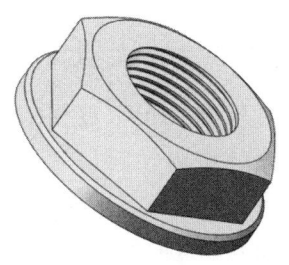

图 5-20　缓冲紧固环三维模型　　　图 5-21　防松螺母三维模型

为了活塞与活塞杆连接更紧密、更可靠，在活塞上端面加装防松装置，其结构如图 5-21 所示，采用内螺纹直径为 28 mm 的紧固螺纹，选用标准防松螺母，在螺纹上涂工程胶以实现自锁。防松螺母具有优越的抗震性、耐磨损性和抗剪性，进一步加强了活塞的使用效果。

## 2. 挡圈设计

安装在 O 型密封圈上下的挡圈，其作用在于防止 O 型密封圈发生"挤出"现象，提高其使用压力。如果单侧受压，用一个挡圈；如果双侧受压，用两个或者两个以上挡圈。活塞在往复运动过程中，与缸筒内壁摩擦，从而使得 O 型密封圈受到两侧压力，所以本节设计采用两个挡圈，其结构如图 5-22 所示（一对挡圈设计），内径 50 mm、外径 60.6 mm、厚度 3 mm。

图 5-22　挡圈三维模型

O型密封圈的挡圈一般采用聚四氟乙烯和皮革,也有用尼龙材料的,本设计采用聚四氟乙烯材料,主要是因为聚四氟乙烯的耐腐蚀性能优异,无硬化破损现象,具有良好的耐热性和耐油性。

**3. 动密封组合件设计**

水力加压器在正常过程中,缸筒长时间受到与其接触部件的动摩擦作用,为了保证整体密封性能,减小筒壁的磨损,设计一种动密封组合件,其三维模型如图5-23所示。选用日标O型密封圈G系列G45型号,内径45.2 mm、线径3.1 mm。滑动环具体尺寸根据内、外缸筒内圈凹槽尺寸确定,主要安装在内、外缸筒下部凹槽,内缸筒安装一组,外缸筒安装两组。

图 5-23 密封组件模型

## 5.3.4 减振部件设计

$M_3$减振模块的功能是为了减少加压器内部与外部的振动冲击,对应的设计部件是环簧($DP_{31}$)与活塞缸缓冲件($DP_{32}$)。

**1. 环簧组件设计**

活塞和活塞杆每次从上极限行程开始向下滑动,活塞上部受到密封憋压作用,会瞬间产生较大的向下冲击力,所以在下极限行程必须有缓冲装置作为缓冲支撑,减少硬接触所产生的疲劳累积损伤。其次,活塞快速下滑会在相对封闭的腔室内产生逆流,抵消了一部分向下推力,为了避免这种现象的产生,需要在活塞下部腔室内设计一定间隙或泄压孔,本设计采用环空间隙的方式泄压，利用环簧组合件实现缓冲和减振，其结构组成如图 5-24 所示，内环内径 46 mm，外环外径 60 mm。

 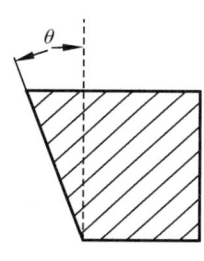

图 5-24　环簧组件三维模型图及其圆锥斜角 $\theta$

## 2. 活塞缸缓冲件设计

活塞缸主要受到环空间隙的流体压力下行，而环空间隙内的流体是经过内缸筒的泄压孔进入到内、外缸筒和活塞缸形成的腔体内，本身流体压力已经损失了一部分，所以相比较于活塞受到的液体推力要小很多。除此之外，环空间隙空间有限，市面上的标准缓冲件可能无法有效安装，所以根据整体活塞缸设计尺寸和壁厚要求，设计出如图 5-25 所示的活塞缸缓冲组件，内径 91 mm，外径 102.4 mm，中间可压缩环使用全氟醚橡胶材料，两端卡环使用 42CrMo。其主要由上压紧环、压缩环、若干小弹簧和下压紧环组成。在压缩环横截面安装有若干小弹簧，并在压缩环两端面安装压紧环，压紧环主要起到压缩和定位弹簧、分散活塞缸对压缩环的压力，总体可以提供有效的缓冲和减振作用。

图 5-25　活塞缸缓冲组件设计

## 5.4 水力加压器设计参数优化

M4 整体性能分析模块包括关键参数优化（$DP_{41}$）与整体性能检验（$DP_{42}$）。为了进一步强化产品结构优化设计，使得工具整体性能得以提升，本节基于流体仿真软件，根据仿真结果对工具的关键部件或者局部结构进行优化。

### 5.4.1 内缸筒泄压孔尺寸优化

该小尺寸水力加压器主要利用钻井液的动压产生动力，并将推力最终传递到钻头上，所以钻井液在水力加压器中的流动状态至关重要。通过对小尺寸水力加压器工作过程中的钻井液流道分析，可知内缸筒卸压孔径参数是该工具的关键优化点。

内缸筒泄压孔优化设计变量为泄压孔径大小；目标函数为孔径的压力、流速、内缸筒附近的流体流速和压力分布；约束条件为出口极限压差小于 5 MPa，流速稳定，不发生旋流。

当内缸筒没有泄压孔时，只有活塞杆通径作为钻井液出口，其流体有限元分析结果如图 5-26 所示。入口压力基本稳定在 40.33 MPa，忽略壁面流速影响，出口平均速度约为 25 m/s，整个流体区域的最大速度为 127.4 m/s，发生在活塞杆通径较小处，最大压力发生在活塞杆上端面，为 40.34 MPa。

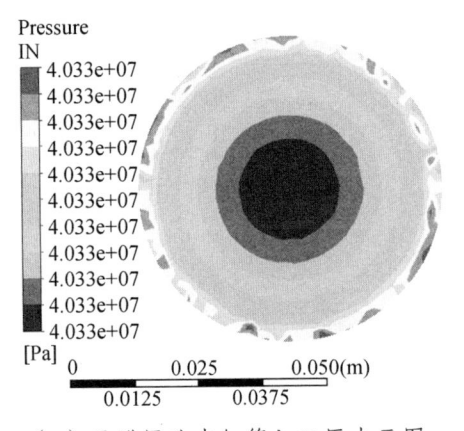
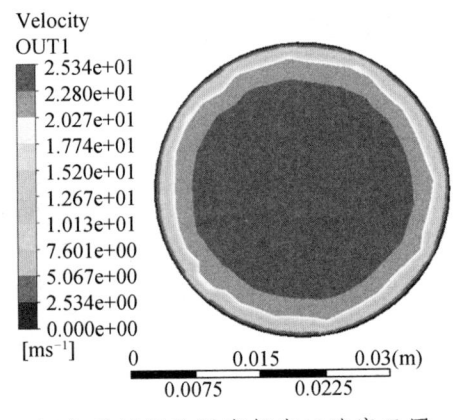

（a）无泄压孔内缸筒入口压力云图　　（b）无泄压孔活塞杆出口速度云图

# 第 5 章 新型结构水力加压器设计

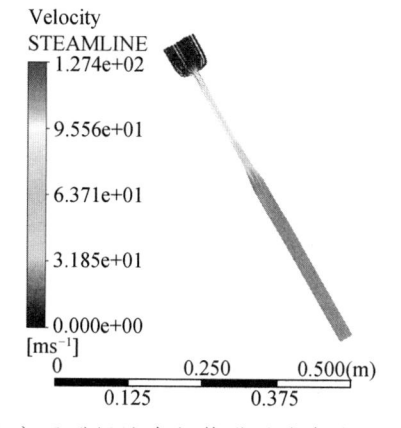
（c）无泄压孔内缸筒附近速度流线图

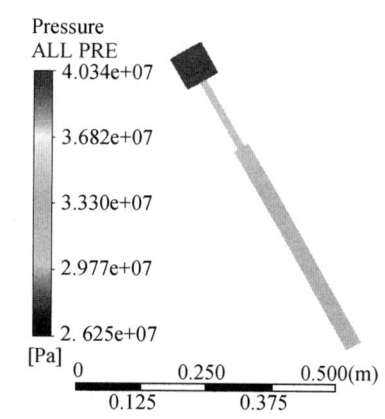
（d）无泄压孔内缸筒附近压力云图

图 5-26　内缸筒无泄压孔流体分析结果

泄压孔径的合理设置有利于该小尺寸水力加压器活塞缸的正常下行，如果设置不合理，可能会引起该段工具或者整段工具的振动，对钻进工作不仅起不到加压作用，还会造成阻碍，甚至导致井下事故的发生。另外，当中心管道钻井液流压持续增加时，整个系统通过泄压孔泄压也更快，这样可以使得主管道钻井液压力稳定在一定范围内，可以不考虑超压造成的危害。泄压孔位置选取在上极限位置，不仅仅是为了给活塞缸持续提供下推力，稳定上部压力，还可以给上行程钻井液完全排出内、外缸筒形成的环形空间提供外流通道。保持内缸筒基本计算模型和边界条件不变，只改变泄压孔径大小，通过不同孔径下流体仿真结果绘制流速、压力的变化趋势图，结合仿真结果显示云图，分析泄压孔最佳的参数。

从图 5-27 不同泄压孔径下内缸筒附近速度流线图可以看出，当泄压孔 $\phi > 20$ mm 时，在活塞杆中心流道内会出现旋流，而且随着泄压孔径增大，旋流越明显。钻井液一般含有大量固体微小颗粒，是典型的固液两相流，当发生旋流时，内部被分离的颗粒形成不均匀的颗粒流螺旋下行，很容易产生激振力，导致水力加压器发生比较严重的机械振动。另一方面，旋流绕着管道几何中心高速螺旋下行，同一径向平面内的液体质量分布不均匀，这种不均匀力通过轴向累加，很容易引起管道的径向应力不规则变化，增加了管道失稳的风险系数，所以为了减小旋流的产生，泄压孔径不应大于 20 mm。

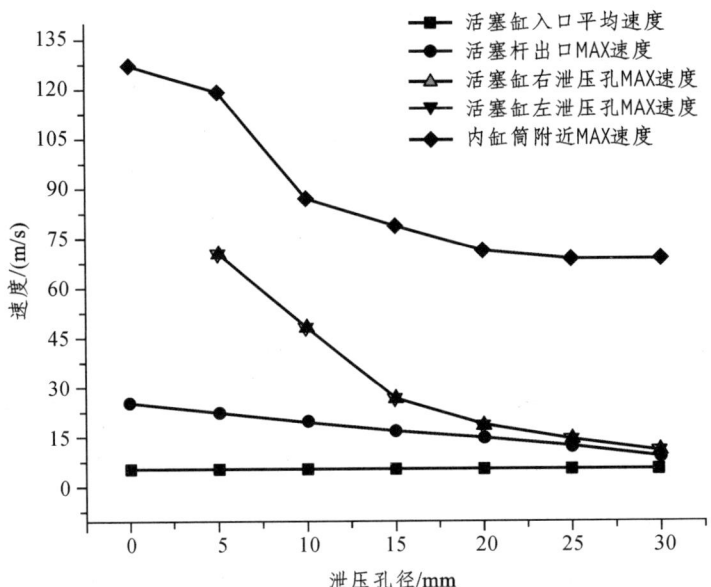

图 5-27　不同泄压孔径下内缸筒附近各参数速度趋势图

为保证水力加压器稳定推进，钻井液压力应该维持稳定，即入口压力值在 35 MPa 左右，整个流场极限压力值相差不宜过大。整体流速分布应该均匀，避免速度过大造成动力损耗增加，流道冲腐严重，速度过低，钻井液固相颗粒容易在管道内壁沉积。在保证上述要求的前提下，当 $\phi = 20$ mm 时，极限压力值相差最小为 3.97 MPa。泄压孔相对较佳参数为 20 mm。

### 5.4.2　活塞杆关键参数优化

活塞杆作为主要的承力和传力部件，其性能的好坏在小尺寸水力加压器的正常工作中起到决定性的作用。活塞杆优化的目的主要在于提高活塞杆结构强度，减小外力施加情况下活塞杆的最大应力。活塞杆关键参数优化采用现代优化方法，利用有限元分析软件中响应曲面优化分析工具 MOGA（多目标遗传算法）对活塞杆关键参数进行优化分析。

为了优化活塞杆尺寸，对活塞杆在有限元分析软件中进行参数化建模，设立 8 个设计函数与 3 个目标参数。选定参数后，对各个设计变量进行取值范围约束，活塞杆参数优化初始值设定如图 5-28 所示。

## 第5章 新型结构水力加压器设计

| | A | B | C | D |
|---|---|---|---|---|
| 1 | ID | Parameter Name | Value | Unit |
| 2 | Input Parameters | | | |
| 3 | Static Structural (A1) | | | |
| 4 | P2 | SXKH | 115 | mm |
| 5 | P3 | SXK | 15 | mm |
| 6 | P4 | XKD | 30 | mm |
| 7 | P5 | XKH | 390 | mm |
| 8 | P6 | AH | 390 | mm |
| 9 | P7 | AK | 3 | mm |
| 10 | P8 | AL | 7.8368 | mm |
| * | New input parameter | New name | New expression | |
| 12 | Output Parameters | | | |
| 13 | Static Structural (A1) | | | |
| 14 | P9 | Equivalent Stress Maximum | 520.46 | MPa |
| 15 | P10 | Geometry Mass | 4.1827 | kg |
| 16 | P11 | Equivalent Elastic Strain Maximum | 0.0025192 | mm mm^-1 |
| * | New output parameter | | New expression | |
| 18 | Charts | | | |

图 5-28 活塞杆参数优化初始值设定

设计变量：

P2——活塞杆上通径长度，70 mm≤P2≤130 mm；

P3——活塞杆上通径直径，12 mm≤P3≤18 mm；

P4——活塞杆下通径直径，15 mm≤P4≤33 mm；

P5——活塞杆下通径长度，350 mm≤P5≤430 mm；

P6——活塞杆凹槽切除长度，340 mm≤P6≤420 mm；

P7——活塞杆凹槽宽度，2 mm≤P7≤5 mm；

P8——活塞杆凹槽长度，4 mm≤P8≤9 mm。

目标函数：

P9——活塞杆受固定载荷最大应力，P9≤520.46 MPa；

P10——活塞杆质量，P10≤5 kg；

P11——活塞杆受固定载荷最大变形量，P11≤0.005 mm。

结合单因素设计变量和多因素设计变量对目标函数的影响大小，在响应曲面优化分析的基础之上，采用多目标遗传算法对活塞杆受固定载荷最大应力进行优化。设置优化目标为受载最大应力最小，设计变量约束条件如响应曲面所示，估计评估次数 33 600 次，初始样本数量 7 000，每次迭代样本数 1 400，最大迭代 70 次。

最终得到三个优化候选点，优化后设计变量和目标函数具体参数如图 5-29 所示，目标函数的解的迭代计算曲线如图 5-30 所示，可以看到最终结果收敛。在 7 000 个样本点中，只考虑活塞杆受固定载荷最大应力 P9 时，候选点 Candidate Point1 为最优解。

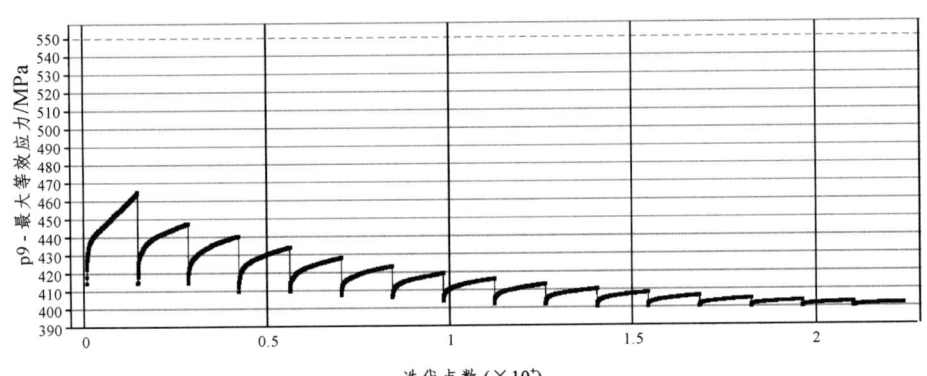

| Candidate Points | Candidate Point 1 | Candidate Point 2 | Candidate Point 3 |
|---|---|---|---|
| P3 - SXK (mm) | 16.487 | 16.492 | 16.497 |
| P2 - SXKH (mm) | 103.53 | 103.54 | 103.73 |
| P4 - XKD (mm) | 27.009 | 27.003 | 27.007 |
| P5 - XKH (mm) | 428.35 | 427.77 | 426.87 |
| P6 - AH (mm) | 351.09 | 351.21 | 351.01 |
| P7 - AK (mm) | 2.7123 | 2.7028 | 2.7031 |
| P8 - AL (mm) | 7.055 | 7.0568 | 7.0536 |
| P9 - Equivalent Stress Maximum (MPa) | 400.15 | 400.23 | 400.53 |

图 5-29　优化设计结果候选点

图 5-30　目标函数的解迭代计算曲线

在此次活塞杆优化设计中，多设计变量、单目标函数求解的最优候选点为 Candidate Point1，设计变量 $x=$（16.49 mm，103.53 mm，27.01 mm，428.35 mm，351.09 mm，2.71 mm，7.06 mm）$^T$；目标函数解为 $f(x)=$（400.15 MPa）。

在考虑多目标函数 P9、P10、P11，可以得到设计变量 $x=$（19.93 mm，117.85 mm，23.90 mm，419.53 mm，393.69 mm，3.44 mm，7.42 mm）$^T$；目标函数的解为 $f(x)=$（362.52 MPa，4.77 kg，0.002 mm）。

# 第 5 章 新型结构水力加压器设计

基于响应曲面法和遗传算法对活塞杆关键设计变量进行优化分析，活塞杆最优参数集为：[上通径长度，上通径直径，下通径直径，下通径长度，凹槽切除长度，凹槽宽度，凹槽长度]=[117.85 mm，19.93 mm，23.90 mm，419.53 mm，393.69 mm，3.44 mm，7.42 mm]，相比优化前，活塞杆受载最大应力减小 30%。

## 5.5 水力加压器的工作性能分析

整体性能分析主要包括静力学与动力学分析，目的在于对关键部件优化完成后，校核关键参数，保证工具安全可靠，并得到最终输出参数。

### 5.5.1 静力学分析

小尺寸水力加压工具大部分零件通过螺纹固定连接，从整体角度分析，可以将其看作是一个 2.1 m 的细长杆件，杆件受力变形主要有拉伸、压缩、扭转和弯曲。根据实际工况可以判断，水力加压器在地层主要受到拉力、压力和扭转力而失效。为对水力加压工具整体的刚度和强度建立客观评价，以及为后期室内抗压、抗拉和抗扭试验提供参考数据，需要对工具整体进行有限元分析。

#### 1. 抗压分析

对一个完整行程内不同阶段的工具整体进行定性分析，正常工作时工具受到的压力主要集中在上极限位置关键点，此时工具最短，下部钻具主要受到向上的作用力，上部钻具主要受到上部钻具压力。整个模型采用四面体网格划分技术，整体抗压分析网格划分模型如图 5-31 所示，各个部件采用螺纹固定连接，上接口上端面固定，下接口下端面施加 50 MPa 的压力。

图 5-31 整体抗压分析三维模型网格划分图

小尺寸水力加压工具整体抗压分析应力云图如图 5-32 所示。从图中可以看出，整体最大应力为 110.7 MPa，远远小于材料的屈服极限 930 MPa，最大应力发生在外缸筒台阶面处。整体结构强度满足工作要求。

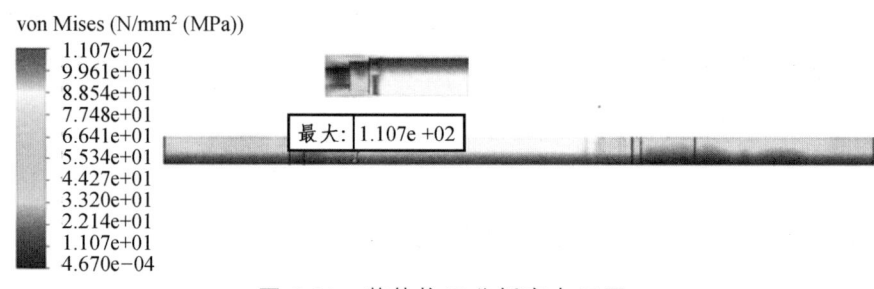

图 5-32　整体抗压分析应力云图

## 2. 抗拉分析

工具正常工作时受到的拉力主要集中在下极限位置关键点，此时工具最长，下部钻具主要受到向下的作用力，上部钻具主要受到上部钻具拉力。整体抗拉分析三维模型网格划分如图 5-33 所示，各个部件采用螺纹固定连接，上接口上端面固定，下接口下端面施加 30 MPa 的压力。

图 5-33　整体抗拉分析三维模型网格划分图

小尺寸水力加压工具整体抗压应力云图如图 5-34 所示，从图中可以看出，整体最大应力为 63.96 MPa，远远小于材料的屈服极限 930 MPa，最大应力发生在上台阶面处。整体结构强度和刚度均可以满足工作要求，在整个工作行程内是安全的。

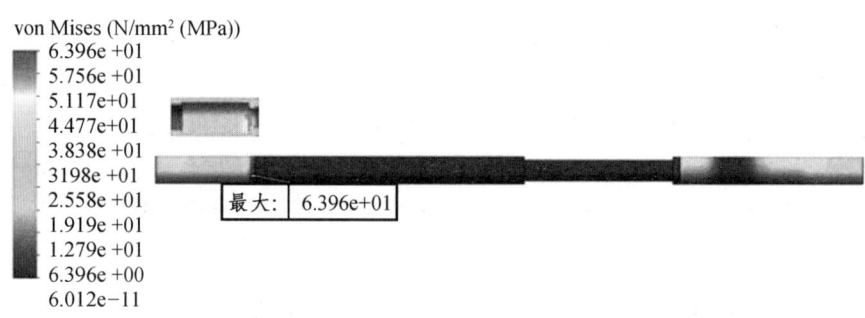

图 5-34　整体抗压分析应力云图

## 3. 抗扭分析

根据该小尺寸水力加压工具的整体结构和工作原理,将整个工具分为两个部分:上接头、内缸筒和外缸筒三个零构件通过螺纹连接组成的固定部分,其他与活塞缸通过螺纹连接的旋转部分。对整体和旋转部分进行抗扭分析没有实际意义,因为其本身在正常工作时,就一直处于旋转运动状态,所以只需对固定部分进行模拟抗扭试验分析。采用四面体网格划分技术,固定部分抗扭分析网格划分模型如图 5-35 所示,各个部件定位为螺纹固定连接,上接口上端面固定,外缸筒施加 12 kN·m 的扭矩。根据 $\phi$118 mm 工具最大外径适配 105 mm 的螺杆马达,该螺杆马达在推荐最大输入排量 16 L/s 的情况下,产生扭矩为 12 kN·m。

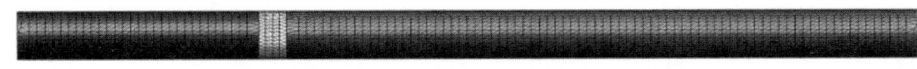

图 5-35 整体抗扭分析三维模型网格划分图

小尺寸水力加压工具整体抗扭应力云图如图 5-36 所示。从图中可以看出,整体最大应力为 29.96 MPa,远远小于材料的屈服极限 930 MPa,最大应力发生在螺纹连接的台阶面部分。固定部分结构强度可以满足工作要求。

图 5-36 整体抗扭分析应力云图

## 5.5.2 整体水力学分析

钻井液在该工具中流动主要分为两个状态:上极限位置,也就是内缸筒泄压孔完全关闭,整体憋压,工具收缩,钻井液轴向过流路程最短,动能损耗最少,平均速度最大;下极限位置,也就是泄压孔完全打开,整体泄压,工具伸长,钻井液轴向过流路程最长,动能损耗最少,平均速度最小。所以对这两个关键位置点进行流体分析很有必要，可以清楚地了解钻井液通过该工具的过流情况，为小尺寸水力加压工具动力学分析提供必要依据。

1. 上极限位置分析

当内缸筒泄压孔完全关闭，活塞位于上极限位置，用液体仿真软件进行网格划分，最终流体域网格划分如图 5-37 所示，默认网格尺寸最大 2 mm，对中心通径流域进行网格加密。

图 5-37　上极限位置整体流域模型网格划分图

设定钻井液在该小尺寸水力加压器中的流动满足能量守恒，整个壁面流速和湍流动能始终无滑移，采用湍流计算模型，湍流动能和湍流耗散率采用类似的经验数据进行设置，设置入口流量 16 L/s，压力出口 30 MPa。整体流域 CFD 有限元仿真计算结果如图 5-38 所示。

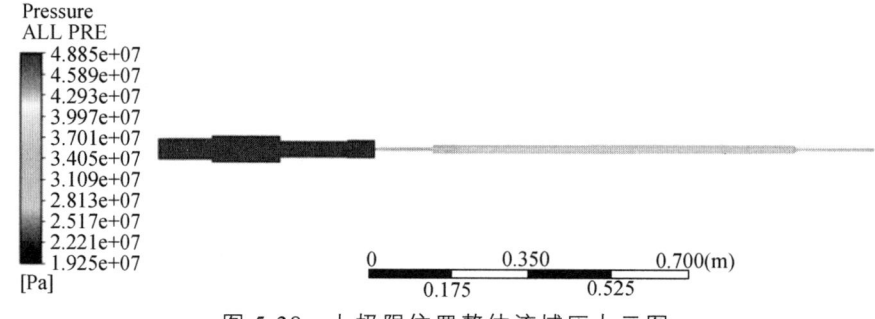

图 5-38　上极限位置整体流域压力云图

从有限元分析结果可以看出，上极限整体流域压力在 19.25～48.85 MPa 之间变化，整体流速在 0~182.0 m/s 之间变化，出口中心平均流速为 132.1 m/s。

2. 下极限位置分析

当内缸筒泄压孔完全打开、活塞位于下极限位置时，从三维实体模型抽取流域如图 5-39 所示。

图 5-39　下极限位置整体流域模型网格划分图

下极限位置整体流域边界条件设置和上极限位置类似。设置入口流量 16 L/s，压力出口 20 MPa。整体流域有限元仿真计算结果如图 5-40 所示。

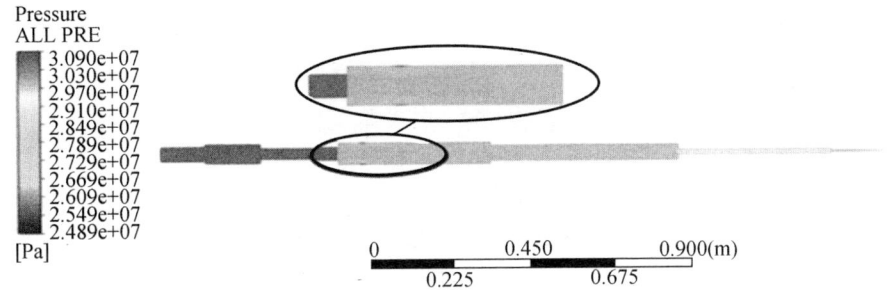

图 5-40　下极限位置整体流域压力云图

从有限元分析结果可以看出，下极限整体流域压力在 24.89~30.90 MPa 之间变化，整体流速在 0~87.50 m/s 之间变化，出口中心平均流速为 87.50 m/s。下极限位置整体流域压力和流速分布规律基本与上极限位置相同。最大区别在于，泄压孔的存在和整体流程的加长，导致流域压力的损失，但这些压力损失大部分都用于推动活塞杆和活塞缸的下行，最终施加在下部钻具。而且下极限流域最大速度发生在出口处，可以保证在增大下压力的同时，给下部钻具提供较高的钻井液流速，保证了钻井液携砂能力。

### 5.5.3　整体动力学分析

对小尺寸水力加压器进行流体分析的主要目的在于为动力学分析提供分析依据，水力加压器中钻井液动能的体现主要是推动活塞杆和活塞缸向下运动，对该小尺寸水力加压器进行整体动力学仿真分析，主要分析目的在于了解活塞杆和活塞缸的运动状态，以及其运动过程中对下部直接接触部件产生的作用力。该水力加压器的整个加压过程可以分为两个阶段：上冲程和下冲程。下冲程为钻头施压，上冲程为复位憋压。

#### 1. 模型简化及条件约束

明确分析目标、分析步骤以及约束施加条件后，对模型进行适当的简化，与动件固连的部件可以进行适当简化，简化时应该保留分析主体结构尺寸，保证物体质量属性，根据仿真目的导向，主要研究的是物体刚性碰撞问题，所以将缓冲物质刚性化，可以更好地模拟碰撞瞬间产生的作用力，最终简化模型如图 5-41 所示。

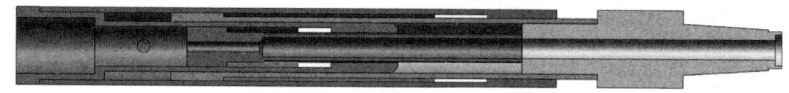

图 5-41　动力学仿真三维模型

将小尺寸水力加压器的简化模型导入动力学仿真软件，并进行约束施加，贴合实际的施加约束条件可以得到更准确的仿真结果。分析该工具的工作过程，通过接触力的施加，可以测得活塞杆、活塞缸碰撞所产生的冲击力。根据公式 $F=PS$，可以求得活塞杆和活塞缸上端面施加的作用力，其中 $P$ 可以根据水力学分析入口压力分布图取得，$S$ 根据具体尺寸求得其接触面积。求得活塞杆上端面施加 35 MPa 的压力时，作用力约为 1 600 kN；活塞缸上端面施加 20 MPa 的压力时，作用力约为 980 kN。

缓冲件使用 60Si2MnA 材料属性，其余部件使用 42CrMo 材料属性，忽略内、外缸筒壁面摩擦力，接触类型使用碰撞物理模型，碰撞刚度设置为 $7.48\times10^8$ N/m，阻尼设置为 $2.5\times10^4$ N/(m/s)，力指数为 1.5，渗透深度为 0.1 mm。最后，设置合理步长和仿真时间，得到相关仿真结果。

2. 仿真结果分析

活塞杆、活塞缸位移和速度曲线如图 5-42 所示。从位移曲线图 5-42（a）可以看出，活塞杆从初始位置 0.675 m，最终运动到 0.875 m 位置处停止运动，总共行程为 0.2 m；活塞缸从初始位置 0.825 m，最终运动到 1.225 m 位置处停止运动，总共行程为 0.4 m，位移仿真结果与设计数据一致。

从速度曲线图 5-42（b）可以看出，在 0~0.052 s 内，活塞杆和活塞缸速度保持一致，说明这段时间，活塞杆推着活塞缸一起向下运动；在 0.052 s 时，活塞杆速度达到最大值 92.44 m/s；达到最大值后，活塞杆速度突然降为零，停止运动，与活塞缸分离；失去了活塞杆的推力，活塞缸加速度减小，但仍保持加速向下运动；直到 0.069 s 时，活塞缸向下运动速度达到最大值 106.54 m/s，达到最大值后，活塞缸速度突然降为零，停止运动。

# 第 5 章 新型结构水力加压器设计

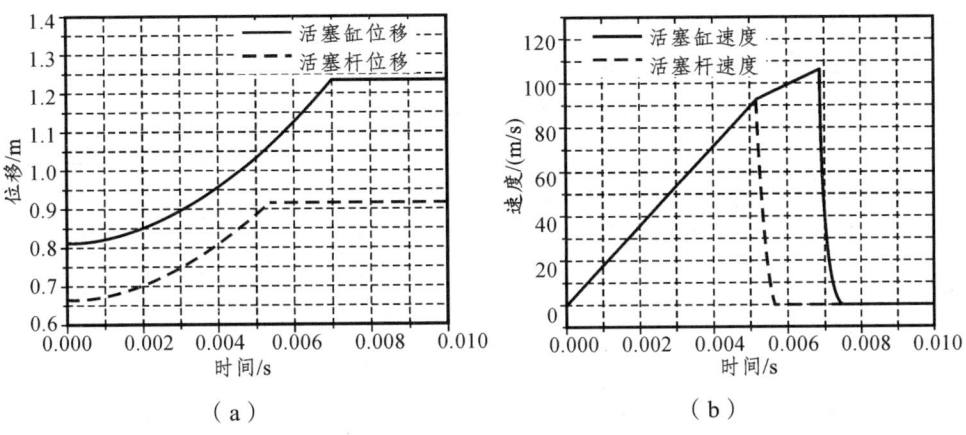

图 5-42 活塞杆、活塞缸位移和速度曲线

在 0.01 s 内,活塞杆对缓冲件作用力曲线如图 5-43 所示。从图中可以看出,在 0.052 s 时,活塞杆与缓冲件发生碰撞,产生 $2.29 \times 10^7 \, \text{N}$ 的瞬间冲击力。由于活塞杆上部持续液压作用,会使得活塞杆与缓冲件始终紧密接触,并产生 $2 \times 10^5 \, \text{N}$ 的相互作用力,只要上部液压保持不变,活塞杆与缓冲件持续维持在这一稳定值附近。

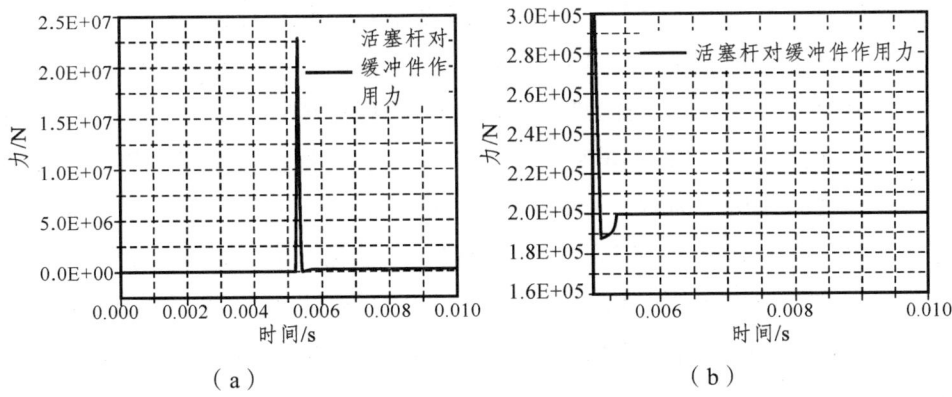

图 5-43 活塞杆对缓冲件作用力曲线

从图 5-44 中可以看出，在 0.069 s 时，活塞缸与缓冲件发生碰撞，产生 $8.25×10^7$ N 的瞬间冲击力，由于活塞缸上部持续液压作用，会使得活塞杆与缓冲件始终紧密接触，并产生 $1×10^5$ N 的相互作用力，只要上部液压保持不变，活塞杆与缓冲件持续维持在这一稳定值附近。

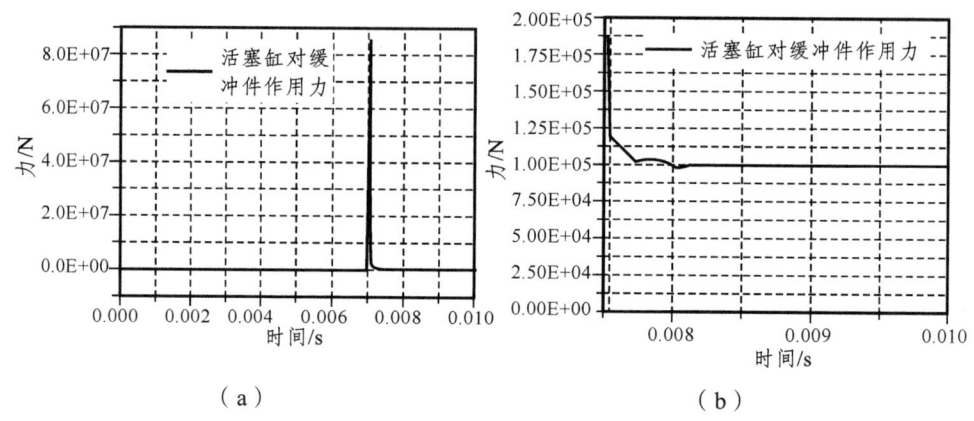

图 5-44　活塞缸对缓冲件作用力曲线

活塞缸向下运动产生的瞬间冲击力比活塞杆向下运动产生的瞬间冲击力要大很多，主要原因在于活塞杆向下运动产生的大部分动能传递给了活塞缸，又因为惯性作用，活塞缸会产生较大的动能，所以活塞缸瞬间冲击较大，这也符合该小尺寸水力加压器的设计目的，将较大的动能传递给下部钻具，给钻头提供足够大的轴向向下压力，为钻头碎岩提供机械冲击力。

活塞杆对活塞缸的作用力如图 5-45 所示，从图中可以看出，从运动开始，活塞杆就为活塞缸提供了较为稳定的动力，作用持续时长 0.052 s，直接接触产生的向下推力约为 $1.28×10^5$ N；当 0.052 s 后，活塞杆与活塞缸分离，活塞杆与活塞缸的作用力为零。$1.28×10^5$ 这一推力也是该小尺寸水力加压器在运动过程中所产生的持续稳定下推力。根据实际工况需求，长庆苏里格气田地层岩性主要为砂岩，适用于 $\phi$118 井眼三牙轮钻头所需要的下推力为 $8.78×10^4$ N，因此所设计的小尺寸水力加压器所产生的下推力完全满足实际工况需求。

# 第 5 章  新型结构水力加压器设计

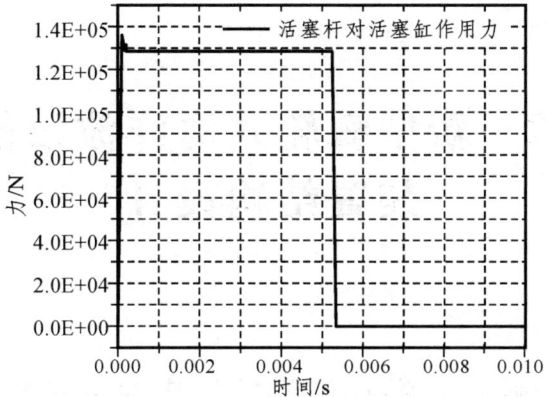

图 5-45  活塞杆对活塞缸作用力曲线

# 第 6 章　新型棘轮式海洋波浪能发电装置结构设计

## 6.1　新型棘轮式海洋波浪能发电装置的提出

海洋波浪能作为可再生绿色能源，具有储能大、能量密度高、对环境影响小等优点，但海洋环境的复杂性和波浪在空间和时间上的高度可变性，使得波浪能利用面临诸多挑战，目前已经有多种形式的波浪能发电装置，如：点头鸭式波浪能发电装置、摆式波浪能发电装置、聚波水库式波浪能发电装置、振荡水柱式波浪能发电装置、振荡浮子式波浪能发电装置和筏式波浪能发电装置等。这些发电装置均源于几种基本原理：将波浪作用下物体的上下左右运动转化为电能、将波浪压力变化转化为电能、将波浪的势能转化为动能等。

其中，点头鸭式波浪能发电装置运行时的运动方式像一只正在点头的鸭子，因而称其为点头鸭式。该装置有一个类似凸轮形状的装置，在波浪的带动下该装置绕着中心轴来回往复转动，进而带动发电机持续运转，如图 6-1 所示。摆式波浪能发电装置是用波浪带动立在海洋里的一个板子的装置；板子安装在一根轴上，进而通过轴来带动传动装置，然后传给发电机进行发电，该装置的发电装置如图 6-2 所示。

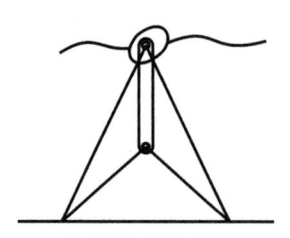

图 6-1　点头鸭式波浪能发电装置

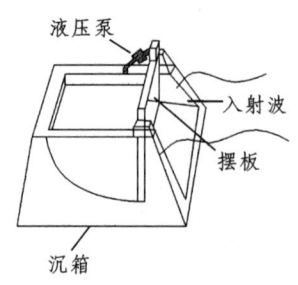

图 6-2　摆式波浪能发电装置

聚波水库式波浪能发电装置由于其装置零件中的收缩坡道，因而也被称为收缩坡道式发电装置，该装置先让海水从较为宽的坡道流进，然后再从较为窄的另一端流入该装置的储水池中，这样水从较高位置流下，冲动水轮叶片机转动，进而带动发电机运转发电，其发电装置示意图如图 6-3 所示。

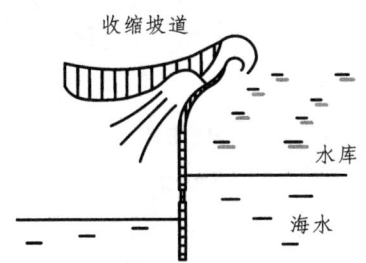

图 6-3　聚波水库式波浪能发电装置

筏式波浪能发电装置由三个及三个以上的阀体组合构成，这些阀体漂浮在海洋上，它们由铰链连接在一起，随着海洋波浪的浮动而上下运动，在连接处安上液压装置，相邻两个阀体之间不同时同向的上下运动会带动液压装置运动，进而传递给发电机进行发电，其运动装置原理如图 6-4 所示。

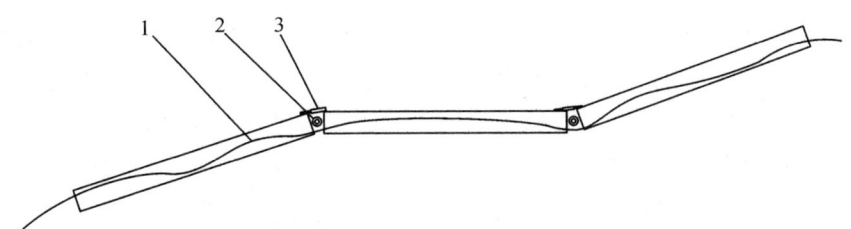

1—波动阀；2—铰接装置；3—液压缸。

图 6-4　筏式波浪能发电装置

振荡水柱式波浪能发电装置利用波浪引起的空气柱振动来进行发电，其结构如图 6-5 所示。该装置是把一个浮子放在海洋里，使其与海水直接接触，浮子会随着海浪的波动而上下往复运动，进而将波浪能转化为浮子的机械运动，然后再由与浮子相连接的传动装置将机械能传递给发电机进行运转发电。振荡浮子式是在振荡水柱式的基础上发展起来的，是将浮体在波浪作用下的上下运动，转换为液压或机械能进行发电，其工作原理如图 6-6 所示。

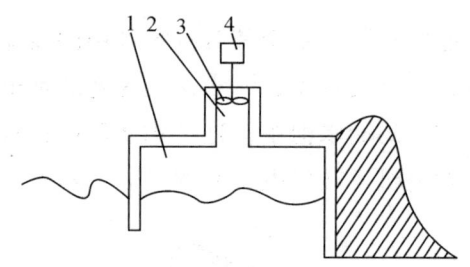

1—气室；2—气室口；3—双向透平机；4—发电机。

图 6-5　振荡水柱式波浪能发电装置

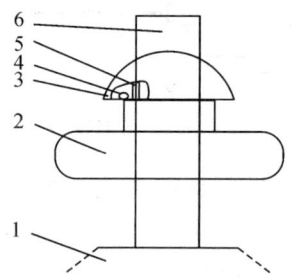

1—基座；2—浮体；3—发电室；4—齿轮（和发电机相连接）；5—齿条；6—立柱。

图 6-6　振荡浮子式波浪能发电装置

上述装置各有优缺点：点鸭式通过凸轮形状的装置将波浪能转化为往复转动，存在的主要问题是运行不稳定、能量转换效率低；摆式波浪能发电装置是将波浪能转换成摆轴的动能然后进行发电，主要存在的问题是可靠性差，维护困难；振荡浮子式发电装置在美国和英国已经进入成熟应用阶段，存在的主要问题是易损坏。在这些装置中，振荡水柱式波浪能发电装置是用得最多的波浪能发电装置，它的优点主要在于装置的结构比较稳固，但装置机械转换效率比较低，并且投资建设的费用比较高，因此，仅适用于波浪密度较大的地方，适用范围较小。

我国波浪能密度比较低，通过上述分析可知，怎样降低成本、提高发电效率才是波浪能发电装置研发的关键。本章基于外接棘轮机构的组成及其工作特点，结合振荡水柱式、振荡浮子式和摆式波浪能发电技术，研发了一种具有较高能量转换效率、投资成本较低的新型棘轮式海洋波浪能发电装置。该装置主要由棘轮机构、轮盘机构、往复杆机构、摆杆机构等组成，波浪能经过该装置两次机械转换，可以转换为单一方向且持续不断旋转的动能，可从多个方面克服现有波浪能发电装置存在的问题：

（1）棘轮机构是由棘轮和棘爪组成的一种单向间歇运动机构，可将连续转动或往复运动转换成单向步进运动，实现了波浪能的连续利用，能量转换效率高。

（2）棘轮机构运动不受波浪高低频率快慢的限制，能将波浪能转化为单一方向转动的机械能，因此发电过程稳定。

（3）该机构结构简单、工作稳定、易于维护。

## 6.2 棘轮式海洋波浪能发电装置设计方案的公理化建模

### 6.2.1 棘轮式海洋波浪能发电装置公理设计功能-结构模型

**1. 设计功能与设计结构（参数）的第一层分解**

棘轮式海洋波浪能发电装置的用户需求{CA}为装置结构简单、生产成本低、维护方便，不受波浪高低频率快慢的影响，能持续不断的发电。根据公理设计的"之"字形映射得到总的功能需求{FR}是能够高效获取任意方向的波浪能，可以不受波浪高低频率快慢的限制，能将波浪能转化为单一方向转动的机械能的发电装置。总的约束{C}为波浪的情况，例如波浪的高低、频率的快慢等。采用"之"字形映射方法将总的功能需求{FR}进行分解得到功能需求 $FR_s$，再将功能需求{FR}转化成设计参数{DP}，得到设计参数 $DP_s$。下面将功能需求{FR}和设计参数{DP}进行第一级分解，如表 6-1 所示。它们的分解和映射过程的设计矩阵如表 6-2 所示。

表 6-1 第一层功能需求分解及参数映射

| 功能描述 | | 参数描述 | |
| --- | --- | --- | --- |
| $FR_1$ | 实现波浪能转化为往复运动形式 | $DP_1$ | 往复杆机构 |
| $FR_2$ | 实现往复运动转化为旋转运动 | $DP_2$ | 摆杆机构 |
| $FR_3$ | 实现旋转运动形式的传递 | $DP_3$ | 棘轮机构 |
| $FR_4$ | 实现发电机旋转发电 | $DP_4$ | 轮盘机构 |
| $FR_5$ | 工作性能满足要求 | $DP_5$ | 静动性能分析 |

表 6-2　映射过程的设计矩阵

| FR | DP | | | | |
|---|---|---|---|---|---|
| | $DP_1$ | $DP_2$ | $DP_3$ | $DP_4$ | $DP_5$ |
| $FR_1$ | x | 0 | 0 | 0 | |
| $FR_2$ | 0 | x | 0 | 0 | |
| $FR_3$ | 0 | 0 | x | 0 | |
| $FR_4$ | 0 | 0 | 0 | x | |
| $FR_5$ | x | x | x | x | x |

根据第一层功能映射过程的设计矩阵可以得出功能需求和设计参数之间的关系式，如式（6-1）所示。

$$\begin{bmatrix} FR_1 \\ FR_2 \\ FR_3 \\ FR_4 \\ FR_5 \end{bmatrix} = \begin{bmatrix} x & 0 & 0 & 0 & 0 \\ 0 & x & 0 & 0 & 0 \\ 0 & 0 & x & 0 & 0 \\ 0 & 0 & 0 & x & 0 \\ 0 & 0 & 0 & 0 & x \end{bmatrix} \begin{bmatrix} DP_1 \\ DP_2 \\ DP_3 \\ DP_4 \\ DP_5 \end{bmatrix} \quad (6-1)$$

### 2. 设计功能与设计结构（参数）的第二层分解

棘轮式海洋波浪能发电装置主要实现 $FR_1$（波浪能转化为往复运动形式）、$FR_2$（往复运动转化为旋转运动）、$FR_3$（旋转运动形式的传递）、$FR_4$（发电机旋转发电）和 $FR_5$（工作性能满足要求）这五个设计功能。针对总体功能需求，如表 6-3 ~ 表 6-12 所示，对第二层的 $FR_s$、$DP_s$ 可分解如下：

表 6-3　$FR_1$（波浪能转化为往复运形式）功能分解及参数映射

| 功能描述 | | 参数描述 | |
|---|---|---|---|
| $FR_{11}$ | 波浪存储 | $DP_{11}$ | 浮桶 |
| $FR_{12}$ | 波浪整形与能量转化 | $DP_{12}$ | 浮筒（浮子） |
| $FR_{13}$ | 往复运动的传递 | $DP_{13}$ | 往复杆与齿条 |

## 第6章 新型棘轮式海洋波浪能发电装置结构设计

表 6-4 映射过程的设计矩阵

| FR | DP | | |
|---|---|---|---|
| | $DP_{11}$ | $DP_{12}$ | $DP_{13}$ |
| $FR_{11}$ | $x$ | 0 | 0 |
| $FR_{12}$ | 0 | $x$ | 0 |
| $FR_{13}$ | 0 | 0 | $x$ |

根据 $FR_1$（波浪能转化为往复运动形式）功能映射过程的设计矩阵可以得出功能需求和设计参数之间的关系式，如式（6-2）所示。

$$\begin{bmatrix} FR_{11} \\ FR_{12} \\ FR_{13} \end{bmatrix} = \begin{bmatrix} x & 0 & 0 \\ 0 & x & 0 \\ 0 & 0 & x \end{bmatrix} \begin{bmatrix} DP_{11} \\ DP_{12} \\ DP_{13} \end{bmatrix} \quad (6-2)$$

表 6-5 $FR_2$（往复运动转化为旋转运动）功能分解及参数映射

| | 功能描述 | | 参数描述 |
|---|---|---|---|
| $FR_{21}$ | 往复运动转化为摆动 | $DP_{21}$ | 拨杆 |
| $FR_{22}$ | 摆动转化为旋转运动 | $DP_{22}$ | 滑块 |

表 6-6 映射过程的设计矩阵

| FR | DP | |
|---|---|---|
| | $DP_{21}$ | $DP_{22}$ |
| $FR_{21}$ | $x$ | 0 |
| $FR_{22}$ | 0 | $x$ |

根据 $FR_2$（往复运动转化为旋转运动）功能映射过程的设计矩阵可以得出功能需求和设计参数之间的关系式，如式（6-3）所示。

$$\begin{bmatrix} FR_{21} \\ FR_{22} \end{bmatrix} = \begin{bmatrix} x & 0 \\ 0 & x \end{bmatrix} \begin{bmatrix} DP_{21} \\ DP_{22} \end{bmatrix} \quad (6-3)$$

表 6-7　$FR_3$（旋转运动形式的传递）功能分解及参数映射

| 功能描述 | | 参数描述 | |
|---|---|---|---|
| $FR_{31}$ | 实现第一次旋转运动 | $DP_{31}$ | 棘轮 |
| $FR_{32}$ | 实现旋转运动的传递 | $DP_{32}$ | 棘爪与弹簧拨片 |

表 6-8　映射过程的设计矩阵

| FR | DP | |
|---|---|---|
| | $DP_{31}$ | $DP_{32}$ |
| $FR_{31}$ | x | 0 |
| $FR_{32}$ | 0 | x |

根据 $FR_3$（旋转运动形式的传递）功能映射过程的设计矩阵可以得出功能需求和设计参数之间的关系式，如式（6-4）所示。

$$\begin{bmatrix} FR_{31} \\ FR_{32} \end{bmatrix} = \begin{bmatrix} x & 0 \\ 0 & x \end{bmatrix} \begin{bmatrix} DP_{31} \\ DP_{32} \end{bmatrix} \quad (6-4)$$

表 6-9　$FR_4$（发电机旋转发电）功能分解及参数映射

| 功能描述 | | 参数描述 | |
|---|---|---|---|
| $FR_{41}$ | 实现第二次旋转运动 | $DP_{41}$ | 轮盘 |
| $FR_{42}$ | 实现发电机旋转 | $DP_{42}$ | 从动轴 |

表 6-10　映射过程的设计矩阵

| FR | DP | |
|---|---|---|
| | $DP_{41}$ | $DP_{42}$ |
| $FR_{41}$ | x | 0 |
| $FR_{42}$ | 0 | x |

根据 $FR_4$（发电机旋转发电）功能映射过程的设计矩阵可以得出功能需求和设计参数之间的关系式，如式（6-5）所示。

$$\begin{bmatrix} FR_{41} \\ FR_{42} \end{bmatrix} = \begin{bmatrix} x & 0 \\ 0 & x \end{bmatrix} \begin{bmatrix} DP_{41} \\ DP_{42} \end{bmatrix} \quad (6-5)$$

第 6 章　新型棘轮式海洋波浪能发电装置结构设计

表 6-11　$FR_5$（工作性能满足要求）功能分解及参数映射

| 功能描述 | | 参数描述 | |
|---|---|---|---|
| $FR_{51}$ | 满足静力学性能要求 | $DP_{51}$ | 静力学性能 |
| $FR_{52}$ | 满足运动学性能要求 | $DP_{52}$ | 动力学性能 |

表 6-12　映射过程的设计矩阵

| FR | DP | |
|---|---|---|
| | $DP_{51}$ | $DP_{52}$ |
| $FR_{51}$ | x | 0 |
| $FR_{52}$ | 0 | x |

根据 $FR_5$（工作性能满足要求）功能映射过程的设计矩阵可以得出功能需求和设计参数之间的关系式，如式（6-6）所示。

$$\begin{bmatrix} FR_{51} \\ FR_{52} \end{bmatrix} = \begin{bmatrix} x & 0 \\ 0 & x \end{bmatrix} \begin{bmatrix} DP_{51} \\ DP_{52} \end{bmatrix} \tag{6-6}$$

**3. 设计功能与设计结构（参数）的第三层分解**

棘轮式海洋波浪能发电装置除了实现结构设计功能之外，还需实现功能保障设计功能。针对棘轮式海洋波浪能发电装置的 $FR_5$（工作性能满足要求）的功能需求，如表 6-13 ~ 表 6-16 所示，对第三层的 $FR_{51}$（满足静力学性能要求）和 $FR_{52}$（满足运动学性能要求）可分解如下：

表 6-13　$FR_{51}$（满足静力学性能要求）功能分解及参数映射

| 功能描述 | | 参数描述 | |
|---|---|---|---|
| $FR_{511}$ | 棘轮棘爪受力分析 | $DP_{511}$ | 棘轮棘爪受力情况 |
| $FR_{512}$ | 棘轮棘爪有限元分析 | $DP_{512}$ | 棘轮棘爪静力学性能 |

表 6-14　映射过程的设计矩阵

| FR | DP | |
|---|---|---|
| | $DP_{511}$ | $DP_{512}$ |
| $FR_{511}$ | x | 0 |
| $FR_{512}$ | 0 | x |

根据 $FR_{51}$（满足静力学性能要求）功能映射过程的设计矩阵可以得出功能需求和设计参数之间的关系式，如式（6-7）所示。

$$\begin{bmatrix} FR_{511} \\ FR_{512} \end{bmatrix} = \begin{bmatrix} x & 0 \\ 0 & x \end{bmatrix} \begin{bmatrix} DP_{511} \\ DP_{512} \end{bmatrix} \quad (6-7)$$

表 6-15　$FR_{52}$（满足运动学性能要求）功能分解及参数映射

| 功能描述 | | 参数描述 | |
|---|---|---|---|
| $FR_{521}$ | 往复杆机构和摆杆机构运动仿真分析 | $DP_{521}$ | 往复杆机构和摆杆机构运动学性能 |
| $FR_{522}$ | 棘轮机构和轮盘机构运动仿真分析 | $DP_{522}$ | 棘轮机构和轮盘机构运动学性能 |

表 6-16　映射过程的设计矩阵

| FR | DP | |
|---|---|---|
| | $DP_{521}$ | $DP_{522}$ |
| $FR_{521}$ | $x$ | 0 |
| $FR_{522}$ | 0 | $x$ |

根据 $FR_{52}$（满足运动学性能要求）功能映射过程的设计矩阵可以得出功能需求和设计参数之间的关系式，如式（6-8）所示。

$$\begin{bmatrix} FR_{521} \\ FR_{522} \end{bmatrix} = \begin{bmatrix} x & 0 \\ 0 & x \end{bmatrix} \begin{bmatrix} DP_{521} \\ DP_{522} \end{bmatrix} \quad (6-8)$$

### 6.2.2　整体设计矩阵及设计流程图

基于公理设计理论的棘轮式海洋波浪能发电装置设计在功能域和物理域中反复迭代以分解 $FR_s$ 和 $DP_s$，并生成 FR 和 DP 的层次结构，如图 6-7 所示。最终分解结果为 13 个叶的功能需求及其对应的设计参数。由各个层次的设计矩阵描述的功能需求和设计参数间的关系得到一个 13×13 的最终设计矩阵，如表 6-17 所示。最终设计矩阵是一个下三角矩阵，因此本章的棘轮式海洋波浪能发电装置设计是一个解耦设计，满足独立公理。

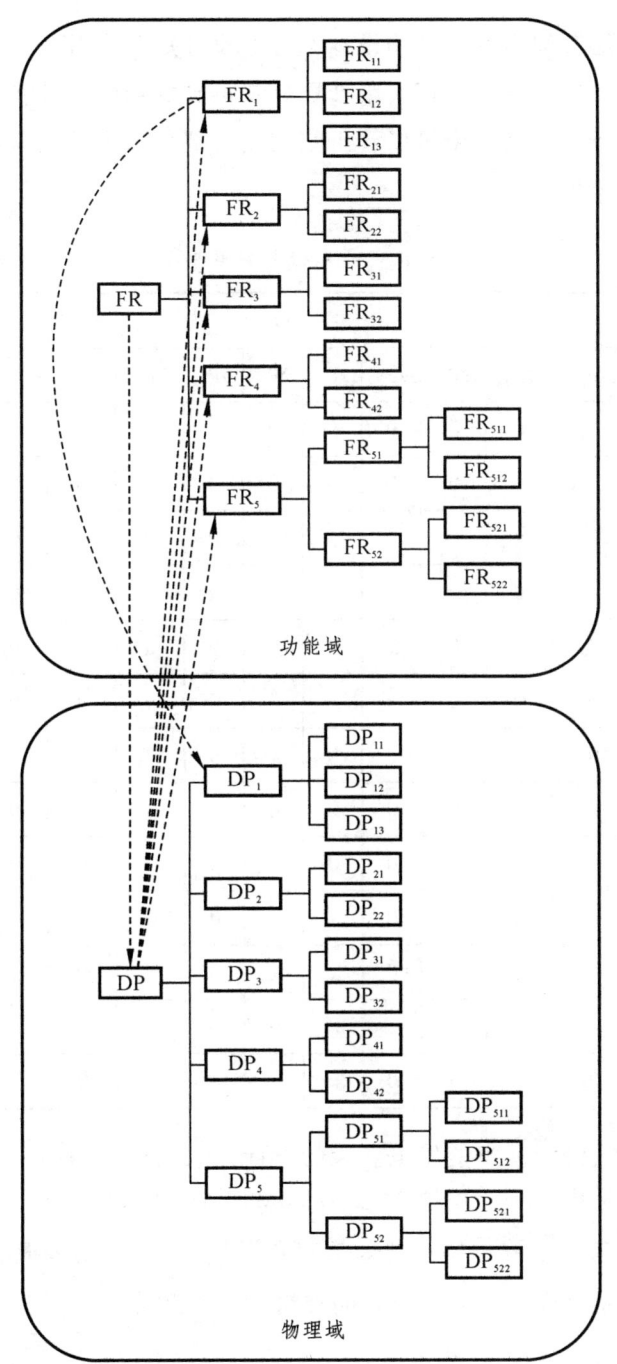

图 6-7　$FR_s$ 和 $DP_s$ 的映射迭代及层次结构

通过第 1 层分解得到的结构设计部分的设计矩阵为对角矩阵，这样的设计为独立设计，满足独立公理。第 2 层分解得到的功能需求和设计结构影响矩阵如表 6-17 所示。从表中可以看出结构设计部分的设计矩阵整体为对角矩阵，满足独立公理。

表 6-17 整体设计矩阵

| FR | DP | | | | | | | | | | | |
|---|---|---|---|---|---|---|---|---|---|---|---|---|
| | $DP_{11}$ | $DP_{12}$ | $DP_{13}$ | $DP_{21}$ | $DP_{22}$ | $DP_{31}$ | $DP_{32}$ | $DP_{41}$ | $DP_{42}$ | $DP_{511}$ | $DP_{512}$ | $DP_{521}$ | $DP_{522}$ |
| $FR_{11}$ | x | 0 | 0 | 0 | 0 | 0 | 0 | 0 | 0 | 0 | 0 | 0 |
| $FR_{12}$ | 0 | x | 0 | 0 | 0 | 0 | 0 | 0 | 0 | 0 | 0 | 0 |
| $FR_{13}$ | 0 | 0 | x | 0 | 0 | 0 | 0 | 0 | 0 | 0 | 0 | 0 |
| $FR_{21}$ | 0 | 0 | 0 | x | 0 | 0 | 0 | 0 | 0 | 0 | 0 | 0 |
| $FR_{22}$ | 0 | 0 | 0 | 0 | x | 0 | 0 | 0 | 0 | 0 | 0 | 0 |
| $FR_{31}$ | 0 | 0 | 0 | 0 | 0 | x | 0 | 0 | 0 | 0 | 0 | 0 |
| $FR_{32}$ | 0 | 0 | 0 | 0 | 0 | 0 | x | 0 | 0 | 0 | 0 | 0 |
| $FR_{41}$ | 0 | 0 | 0 | 0 | 0 | 0 | 0 | x | 0 | 0 | 0 | 0 |
| $FR_{42}$ | 0 | 0 | 0 | 0 | 0 | 0 | 0 | 0 | x | 0 | 0 | 0 |
| $FR_{511}$ | 0 | 0 | 0 | 0 | 0 | x | x | 0 | 0 | x | 0 | 0 |
| $FR_{512}$ | 0 | 0 | 0 | 0 | 0 | x | x | 0 | 0 | 0 | x | 0 |
| $FR_{521}$ | x | x | x | x | x | 0 | 0 | 0 | 0 | 0 | 0 | x | 0 |
| $FR_{522}$ | 0 | 0 | 0 | 0 | 0 | x | x | x | x | 0 | 0 | 0 | x |

对于棘轮式海洋波浪能发电装置的设计，确定的设计顺序如图 6-8 所示。整个设计系统是由五个大模块 $M_1$、$M_2$、$M_3$、$M_4$ 和 $M_5$ 组成的。M 表示各个级别的设计模块；Ⓢ 表示模块间关系为无耦合，设计时不考虑先后顺序；Ⓒ 表示模块间关系为解耦关系，设计时要考虑先后顺序。

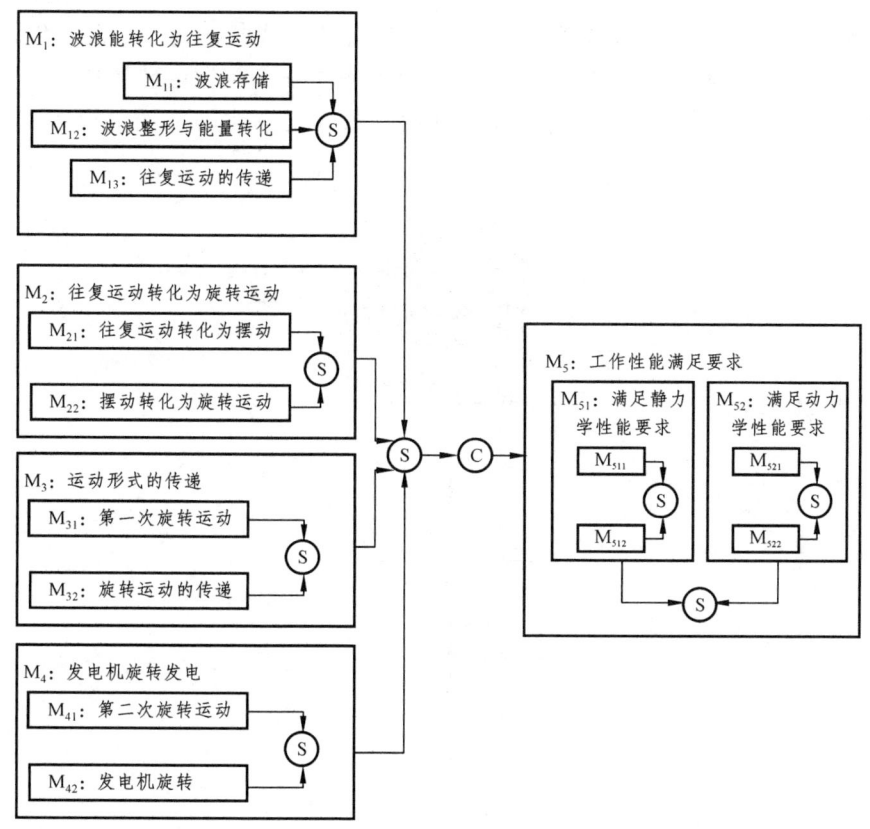

图 6-8　棘轮式海洋波浪能发电装置公理化设计流程

## 6.3　棘轮式海洋波浪能发电装置结构设计方案实现

基于公理化设计思路，上一节完成了棘轮式海洋波浪能发电装置的结构分解表征，本节将进行棘轮式海洋波浪能发电装置的具体结构设计方案实现。

### 6.3.1　总体结构设计

本方案所设计的棘轮式海洋波浪能发电装置是采用机械传动装置将海洋的波浪能转化为稳定的机械单向运动动能，再将此动能传递给电机进而转化为电能。棘轮机构是由棘轮和棘爪组成的一种单向间歇运动机构，它的作用是将连续转动或往复运动转换成单向步进运动。本创新设计主要是利用了棘轮机构的这一特点，并结合振荡水柱式、振荡浮子式和摆式波浪能发电装置的特点，将棘轮机构进行优化设计后应用于海洋波浪能发电装置中，图 6-9 为棘轮式波浪能发电装置结构方案设计图，图 6-10 为图 6-9 的剖视图。

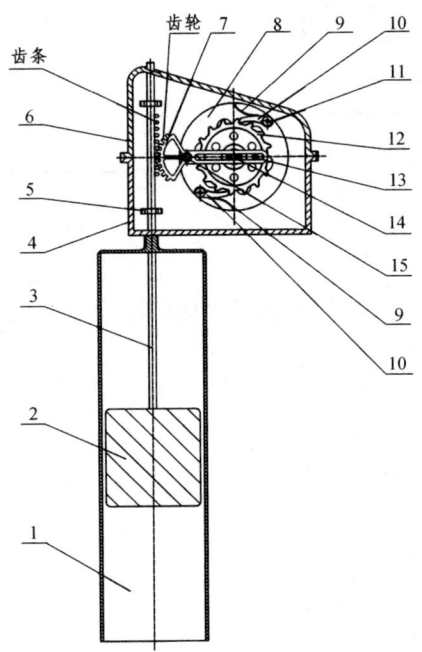

1—浮桶；2—浮筒（浮子）；3—往复杆；4—基体；5—往复杆固定座；6—上盖；
7—拨杆；8—轮盘；9—弹簧片；10—棘爪；11—定位销钉；12—棘轮；
13—拨柱；14—从动轴；15—旋转轴。

图 6-9　棘轮式波浪能发电装置结构方案设计图

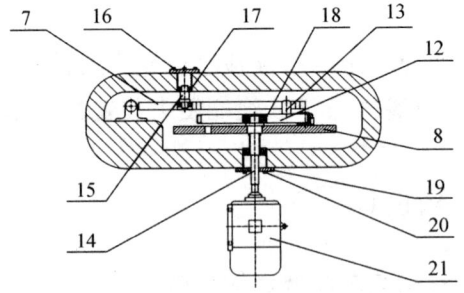

7—拨杆；8—轮盘；12—棘轮；13—拨柱；14—从动轴；15—旋转轴；
16—旋转轴轴承端盖；17—角接触球轴承；18—角接触球轴承；
19—输出轴轴承端盖；20—螺栓；21—发电机。

图 6-10　棘轮式波浪能发电装置结构剖视图

## 第6章 新型棘轮式海洋波浪能发电装置结构设计

该棘轮式波浪能发电装置的工作原理如图 6-11 所示。

（1）波浪发电装置固定安装在海平面上，海洋波浪涌入敞口浮桶后，浮桶自发地将波浪整形。

（2）浮筒将随着波浪的起伏上下往复运动，同时浮筒将推动往复杆做上下往复运动。

（3）往复杆通过啮合将使驱动拨杆做有角度的摆动，拨杆长圆形槽内配合着棘轮的拨柱，当拨杆做有角度的摆动时，拨杆将驱动拨柱在长圆形槽内来回滑动，拨柱将驱动棘轮做顺时针的旋转运动。

（4）棘轮上的棘齿将推动棘爪，棘爪固定在轮盘上，将推动轮盘做顺时针的圆周运动，轮盘将驱动从动轴做顺时针的旋转运动，以此来驱动发电装置运作。最终将波浪能转化为单一方向转动的机械能，供发电机高效率发电。

通过棘轮推动棘爪来驱动轮盘做旋转运动，当海洋波浪环境发生变化时，棘轮的旋转速度小于轮盘的旋转速度，轮盘上的棘爪将越过棘轮上的棘齿进行旋转。当棘轮的旋转速度等于轮盘的旋转速度时，棘轮推动棘爪来驱动轮盘做旋转运动，以此适应不同的海洋波浪环境。

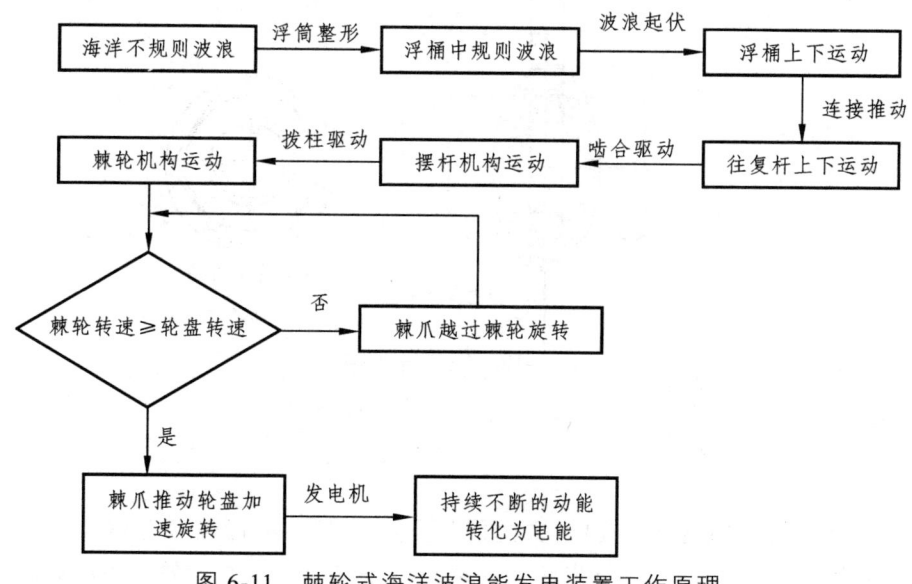

图 6-11　棘轮式海洋波浪能发电装置工作原理

## 6.3.2 往复杆机构

本装置是在浮筒内的浮子与海水直接接触，将海水的不规则运动变成浮子的上下往复运动。然后通过往复杆的往复运动，将波浪能转化为齿条的往复运动，再通过齿条与拨柱上的齿轮啮合，传递给棘轮，最后棘轮带动轮盘运转将能量经由传动轴传递给发电机进行发电。往复杆机构示意图如图6-12所示。

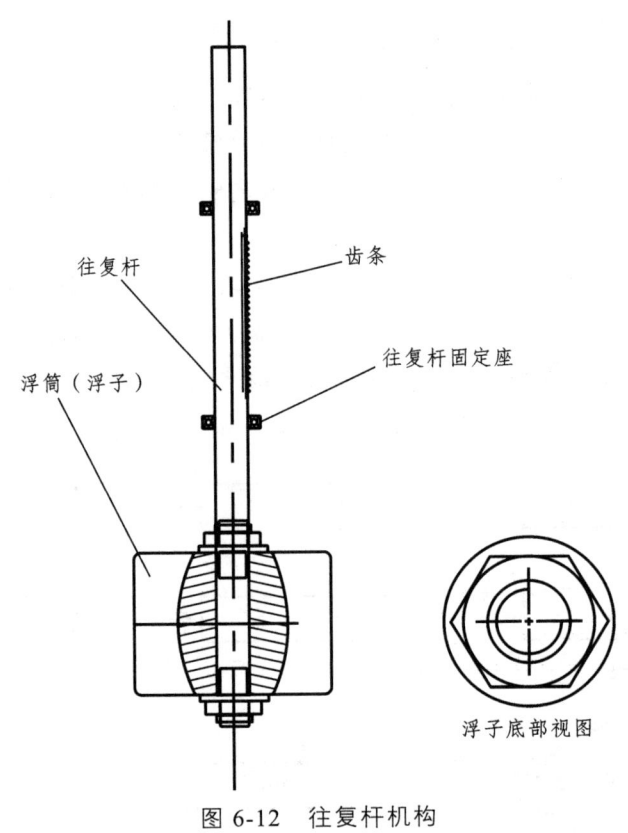

图 6-12 往复杆机构

## 6.3.3 摆杆机构

由往复杆上的齿条传递出去的能量是由拨杆上的齿轮与其啮合进行传递，拨杆（见图6-13）上有齿轮的一端与齿条啮合，并在齿轮的中心处将其固定，使其能绕中心固定点转动，然后拨杆的杆部有一个上下贯穿的滑槽，供棘轮上固定的滑块来回滑动，此处传动装置的运动原理就是类似于曲柄滑块机构的运动形式，如图 6-14 所示。

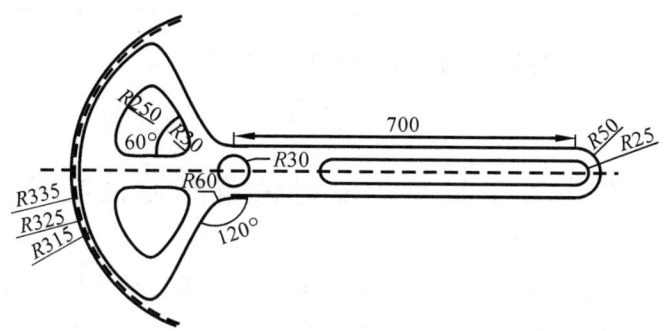

图 6-13　拨杆结构（单位：mm）

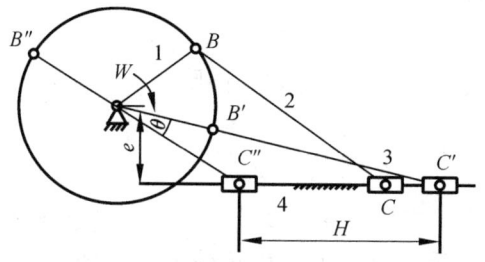

图 6-14　曲柄滑块机构运动简图

### 6.3.4　棘轮机构与轮盘机构

由于滑块是固定在棘轮上，从而带动棘轮转动，然后棘轮的棘爪带动轮盘转动，继而带动输出轴转动，使发电机旋转发电。棘轮机构与轮盘机构如图 6-15 所示。

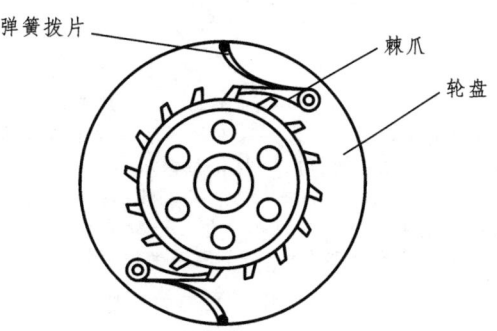

图 6-15　棘轮机构与轮盘机构示意图

棘轮被带动做顺时针旋转的时候，由于棘爪在弹簧拨片的作用下紧紧地卡在棘轮的轮齿之间，棘爪是固定在轮盘上的，所以轮盘会在棘爪的作用下与棘轮做同方向的顺时针旋转，轮盘又与输出轴固定在一起，因而输出轴也做顺时针旋转运动，最后带动发电机运转发电。

## 6.4 棘轮式海洋波浪能发电装置静动性能分析

棘轮式海洋波浪能发电装置的成功实现不仅需要整体机构部分的设计，还需要满足工作性能方面的要求，本节将分别进行棘轮式海洋波浪能发电装置的静力学性能分析和运动学性能分析。

### 6.4.1 棘轮机构静力学性能分析

**1. 棘轮和棘爪受力分析**

棘爪是棘轮式海洋波浪能发电装置中主要的受力和易损部件，本节对其进行针对性的受力分析，图 6-16 为棘爪受力分析图。

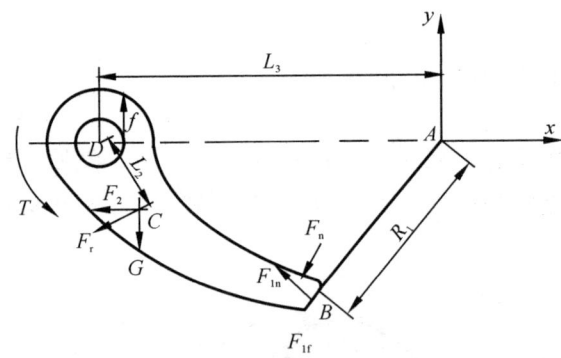

A—轮盘旋转中心；B—啮合点；C—棘爪质心；D—棘爪旋转中心；$R_1$—啮合半径；
$L_2$—棘爪质心到旋转中心距离；$L_3$—棘爪旋转中心到轮盘旋转中心的距离；
$F_n$—棘爪压紧状态下的正压力；$F_{1f}$—棘轮与棘爪啮合工作状态下的摩擦力；
$F_{1n}$—棘轮与棘爪啮合状态下的正压力；$F_2$—棘爪相对于轮盘的离心力；
$F_r$—棘爪质心相对自身旋转中心的离心力；$f$—棘爪与定位销钉的摩擦力；
$G$—棘爪的重力；$T$—平面涡卷弹簧扭矩。

图 6-16 棘爪受力分析图

## 第6章 新型棘轮式海洋波浪能发电装置结构设计

在工作状态下，平面涡卷弹簧扭矩的计算式为：

$$T = T_0 + K_0 \Delta\theta \tag{6-9}$$

式中：$T$ 为平面涡卷弹簧扭矩；$T_0$ 为平面涡卷弹簧的预紧扭矩；$K_0$ 为弹簧的刚度；$\Delta\theta$ 为弹簧的扭转角。

在非工作状态时，平面涡卷弹簧扭矩的计算式为：

$$T = M_{F_n} + M_G \tag{6-10}$$

式中：$T$ 为平面涡卷弹簧扭矩；$M_{F_n}$ 为棘爪压紧状态下正压力力矩；$M_G$ 为棘爪重力力矩。

在棘爪脱啮状态时：

$$F_{rx} + f_x + G_x + F_{2x} + F_{1x} + F_{1nx} + F_{1f_x} = 0 \tag{6-11}$$

$$M_f + T + M_{F_{1n}} = M_{F_{1f}} + M_G + M_{F_r} + M_{F_2} \tag{6-12}$$

$$F_{ry} + f_y + G_y + F_{2y} + F_{ny} + F_{1ny} + F_{1f_y} = 0 \tag{6-13}$$

式中：$F_{rx}$，$f_x$，$G_x$，$F_{2x}$，$F_{1x}$，$F_{1nx}$ 和 $F_{1f_x}$ 分别为 $F_r$，$f$，$G$，$F_2$，$F_n$，$F_{1n}$ 和 $F_{1f}$ 沿 $x$ 轴方向的分力；$M_f$，$M_{F_{1n}}$，$M_{F_{1f}}$，$M_G$，$M_{F_r}$ 和 $M_{F_2}$ 分别为 $f$，$F_{1n}$，$F_{1f}$，$G$，$F_r$ 和 $F_2$ 的力矩；$F_{ry}$，$f_y$，$G_y$，$F_{2y}$，$F_{ny}$，$F_{1ny}$ 和 $F_{1f_y}$ 分别为 $F_r$，$f$，$G$，$F_2$，$F_n$，$F_{1n}$ 和 $F_{1f}$ 沿 $y$ 轴方向的分力。

由式（6-11）~式（6-13）可知，棘爪质心的变化会引起棘爪正常工作状态下正压力、摩擦力、脱啮转速和平面涡卷弹簧扭矩的变化。因此，下面将对棘爪进行有限元分析。

### 2. 棘轮和棘爪有限元分析

棘轮上的齿与棘爪相啮合的地方会产生一对相互作用力，从而导致应力集中，易断裂，利用 ANSYS 软件对其进行有限元分析，以验证其刚度和强度要求。

1）材料属性定义

将已建立好的棘轮棘爪三维模型导入有限元软件中，设置棘轮棘爪的材料属性，考虑到流体冲刷和腐蚀性，通过材料特性对比，优选 304 L 不锈钢作为棘轮和棘爪的材料。304 L 不锈钢材料参数如表 6-18 所示。

表 6-18　304 L 不锈钢材料参数

| 材料 | 密度/（kg/m³） | 弹性模量/GPa | 泊松比 | 屈服强度/MPa | 体积模量/MPa |
| --- | --- | --- | --- | --- | --- |
| 304 L 不锈钢 | 7 830 | 207 | 0.3 | 269 | 1 332 |

2）网格划分

利用有限元网格工具对棘轮和棘爪进行网格划分，网格单元设置为四面体单元。棘轮和棘爪的网格划分结果如图 6-17 所示。棘轮全局划分为 1 mm 网格，生产的网格单元数为 1 260 774，节点数为 1 776 168；棘爪全局划分为 1 mm 网格，生产的网格单元数 73 722，节点数为 106 548。对生成的网格进行正交质量评估，评估结果表明，网格质量符合要求。

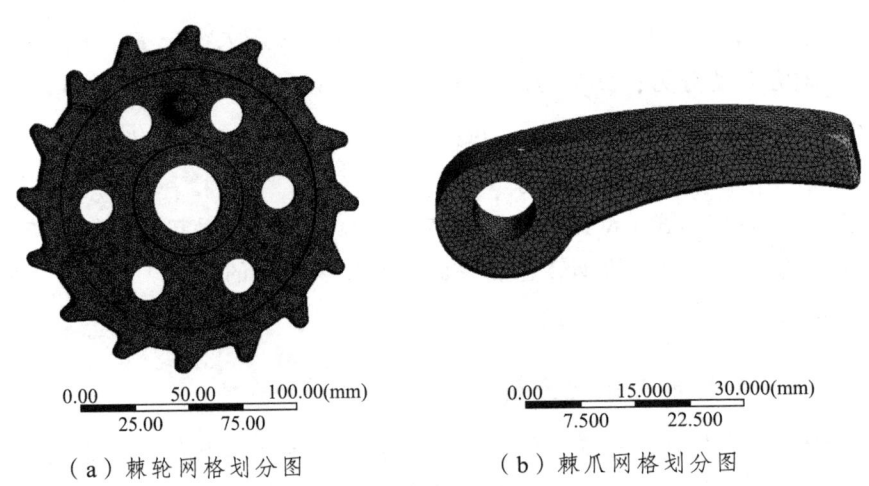

(a) 棘轮网格划分图　　　　(b) 棘爪网格划分图

图 6-17　棘轮和棘爪的网格划分图

3）施加约束与载荷

当轮盘能够在转速为 15 rad/s 的情况下持续稳定运转时，浪角间隔为 30°

## 第 6 章　新型棘轮式海洋波浪能发电装置结构设计

（0~180°），频率步长为 0.05 rad/s（0.05~2 rad/s），平均流速约为 1 m/s，平均风速约为 20 m/s，低频二阶波浪力约为 920 N（最大横向力为 900 N，最大纵向力为 200 N）。考虑到机械传递损失，在正常情况下，主要零部件所受到的应力在 920 N 以下，所以验证主要零部件的刚度和强度时，施加的载荷应不小于 920 N。

棘轮和棘爪施加的约束与载荷如图 6-18 所示。从图 6-18 可以看出：在棘轮中心孔施加圆柱面约束，拨柱处施加顺时针方向大小为 1 000 N 的力，在摆杆行程范围内的棘齿处施加逆时针方向大小为 1 000 N 的力；棘爪中心孔施加圆柱面约束，在棘爪与棘轮的啮合面处施加向内垂直啮合面大小为 1 000 N 的力。

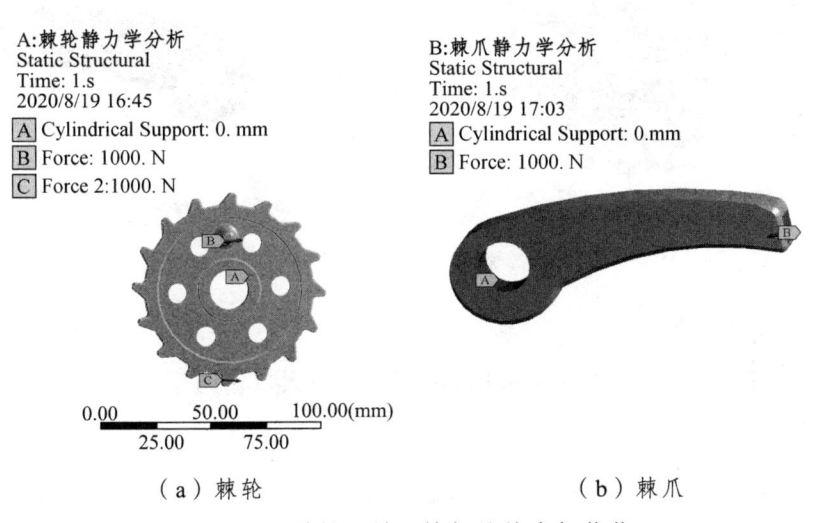

（a）棘轮　　　　　　　　　　（b）棘爪

图 6-18　棘轮和棘爪施加的约束与载荷

4）变形分析

有限元静力学分析中，选择后处理为总变形处理模块，系统会根据分析模型的计算条件，计算出 $x$，$y$，$z$ 方向的变形量，则总变形量为：

$$U_{\text{total}} = \sqrt{U_x^2 + U_y^2 + U_z^2} \quad (6\text{-}14)$$

式中：$U_{\text{total}}$ 为总变形量；$U_x$ 为 $x$ 方向分量上的变形量；$U_y$ 为 $y$ 方向分量上的

变形量；$U_z$ 为 $z$ 方向分量上的变形量。

运算求解后，得出棘轮和棘爪的总变形云图如图 6-19 所示。从图 6-19 中可以看出：棘轮最大变形位置在拨柱顶端处，最大变形量为 0.012 mm；棘爪最大变形位置在棘爪与棘轮的啮合面处，最大变形量为 0.025 mm。分析机构各部件在运动或受力过程中的变形，可以清楚地了解结构是否满足刚度要求。考虑到部件整体尺寸较大，且 304 L 不锈钢材料本身就具有良好的综合性能，棘轮和棘爪局部小变形在合理的区间之内，所以棘轮式海洋波浪能发电装置的主要部件满足刚度要求。

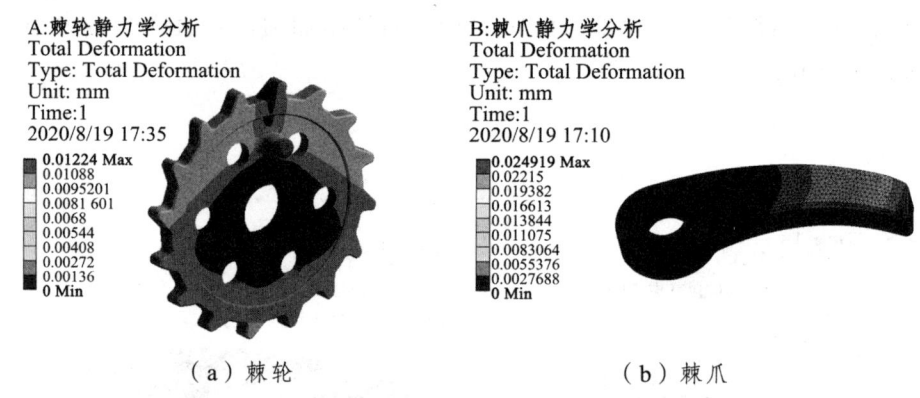

（a）棘轮　　　　　　　　　　（b）棘爪

图 6-19　棘轮和棘爪的总变形云图

5）应力分析

根据脆性材料的 Mohr-Coulomb 理论和最大拉应力理论，其等效应力计算公式为：

$$\delta_e = \sqrt{\frac{1}{2}\left[(\delta_1-\delta_2)^2+(\delta_2-\delta_3)^2+(\delta_3-\delta_1)^2\right]} \qquad (6-15)$$

式中：$\delta_e$ 为等效应力；$\delta_1$、$\delta_2$、$\delta_3$ 为第一、二、三主应力。

通过有限元软件求解，得出棘轮和棘爪的等效应力云图如图 6-20 所示。从图 6-20 中可以看出，棘轮的最大应力位置在拨柱底端，最大应力为 53.3 MPa；棘爪的最大应力位置在棘爪内底面处，最大应力为 41.6 MPa。两个位置的最大应力值均远小于 304 L 不锈钢材料在合理安全系数下的屈服强度 269 MPa，满足强度要求。

图 6-20　棘轮和棘爪的等效应力云图

结合理论力学和材料力学理论，利用 ANSYS 有限元软件，分析棘轮式海洋波浪能发电装置的主要易损部件，经优化后的棘轮棘爪机构的应力、应变和变形都在合理区间之内。分析结果表明该结构强度和刚度满足设计要求。

## 6.4.2　运动仿真分析

为了验证结构设计的合理性和可行性，利用三维软件对该波浪能发电装置的主要运动部件进行运动仿真分析，仿真流程如图 6-21 所示。

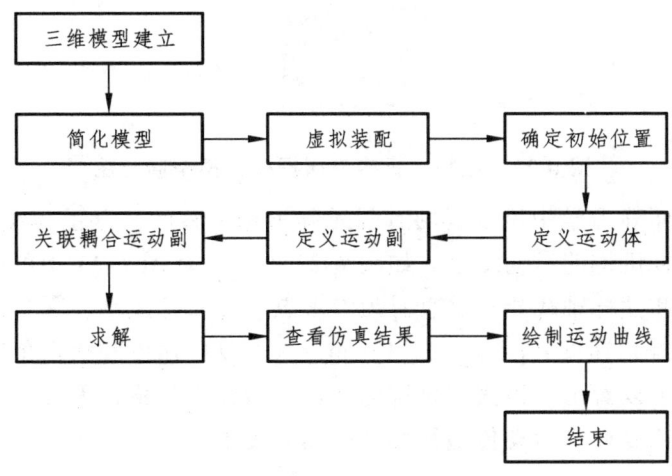

图 6-21　三维仿真分析流程

## 1. 往复杆机构与摆杆机构运动仿真分析

在海洋波浪能发电装置中，往复杆机构与摆杆机构是关键运动部件，所以在机构运动过程中应明确摆杆机构的摆动角度范围和往复杆的行程区间。整形后的波浪推动浮筒和往复杆做上下往复运动，往复杆通过齿啮合，驱动拨杆在一定角度内运动。简化后的往复杆机构与摆杆机构模型如图 6-22 所示。将浮筒和往复杆作为一个运动体定义为移动副，浮筒和往复杆在一定范围内做做上下往复运动；将摆杆作为一个运动体定义为旋转副，摆杆绕其中心孔在一定角度内做往复摆动；将往复杆和摆杆之间的齿啮合运动定义为关联耦合齿轮副，往复杆做上下往复运动时，通过其上的齿牙驱动摆杆上面的齿牙做摆动。

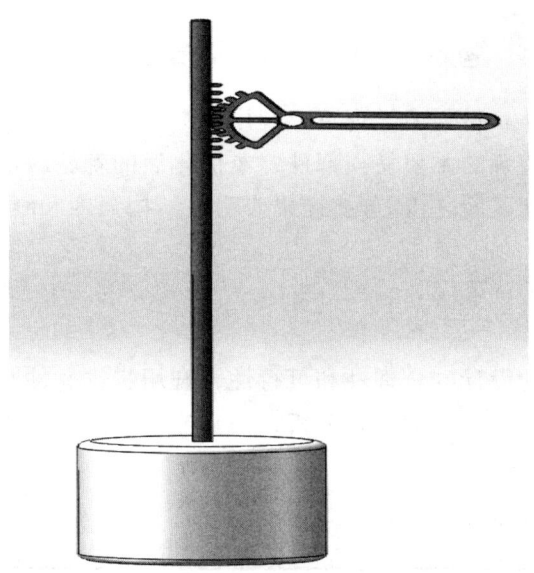

图 6-22　往复杆机构与摆杆机构模型简化图

依据前面静力学中所设置的有限元分析相关参数，设置 920 N 的往复力，求得摆杆机构的运动结果，如图 6-23 所示。从图 6-23 中可以看出：以往复杆轴线和摆杆轴线相互垂直时为参考点，往复杆运动行程为[ − 10 mm，10 mm]，摆杆角速度为[ − 12°/s，12°/s]；从往复杆速度和摆杆角速度随时间的变化曲线可以看出，该摆杆机构的仿真运行较为平稳，无冲击点，即该机构能够满足往复杆将运动传递给摆杆的任务需求。

# 第 6 章  新型棘轮式海洋波浪能发电装置结构设计

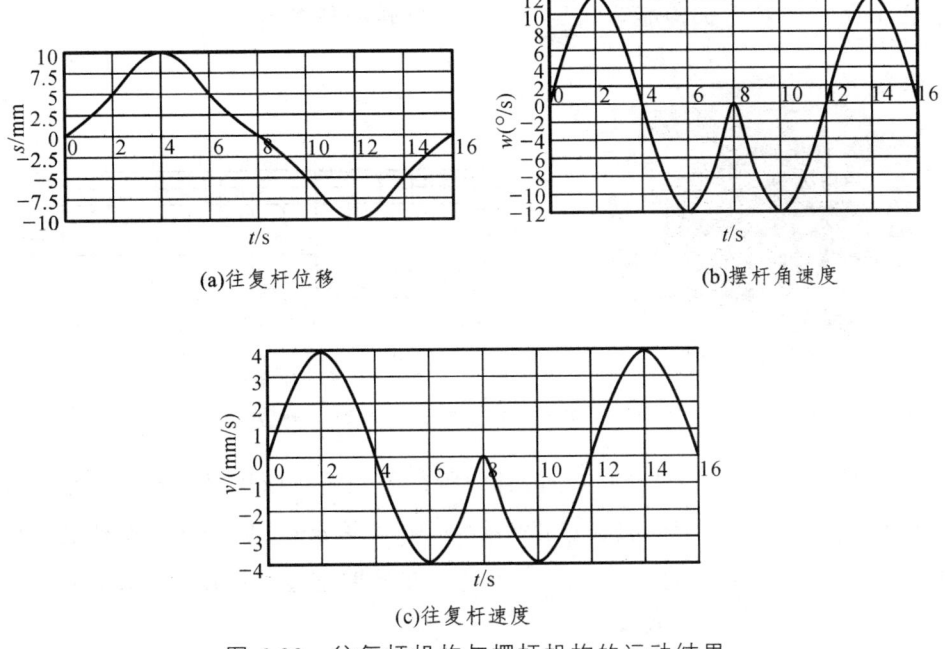

图 6-23　往复杆机构与摆杆机构的运动结果

## 2. 棘轮机构与轮盘机构运动仿真分析

装置的寿命与机构的运动学传递性能有直接关系,所以对可能含有冲击力的机构进行运动学分析是很有必要的。棘爪与棘轮运动过程中可能存在因速度突变而引起的应力冲击,所以需要对棘轮机构进行运动仿真,以验证是否存在速度突变。

当拨杆拨动棘轮进行顺时针旋转时,棘轮推动棘爪,棘爪固定在轮盘上,轮盘将做顺时针旋转运动。当轮盘旋转速度大于棘轮旋转速度时,棘爪将越过棘轮上的棘齿,直至轮盘的速度小于棘轮的速度时,棘轮再次通过棘爪推动轮盘加速旋转。简化后的棘轮机构与轮盘机构模型如图 6-24 所示。将棘爪和轮盘作为一个运动体,定义为顺时针旋转的旋转副,棘爪和轮盘绕轮盘中心做旋转运动;将棘轮作为一个运动体,定义为顺时针旋转的旋转副,棘轮绕棘轮中心做旋转运动。

忽略机械传递损失,极大考虑应力冲击,设置 920 N 的往复力,求解该棘轮机构运动结果,得到棘轮和轮盘的角速度-时间曲线,如图 6-25 所示。从图 6-25 中可以看出,棘轮和轮盘角速度-时间曲线平滑,无速度突变点,运转平稳，即棘轮机构能够满足驱动轮盘旋转的任务需求。

图 6-24　棘轮机构与轮盘机构模型

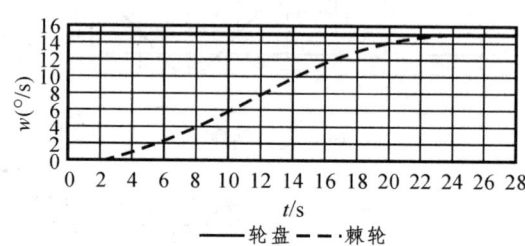
图 6-25　棘轮、轮盘角速度-时间曲线

由摆杆机构和棘轮机构运动仿真分析结果表明：以往复杆轴线和摆杆轴线相互垂直时为参考点，往复杆运动行程为[−10 mm，10 mm]，摆杆摆动角度为[−12°，12°]时，速度可以正常传递；在棘轮通过棘爪传递运动过程中，机构运行平稳，验证了该装置设计的合理性。

# 参考文献

[1] 席文奎. 高参数转子系统多学科协同设计方法与应用研究[D]. 西安：西安交通大学，2012.

[2] 席文奎. 高参数转子-轴承-密封系统动力学设计[M]. 西安：西安交通大学出版社，2016.

[3] 席文奎. 棘轮式海洋波浪能发电装置结构设计与分析研究[J]. 可再生能源，2021，39（6）：846-852.

[4] 罗珺睿. 卡爪式井下节流器性能分析与结构优化[D]. 西安：西安石油大学，2021.